U0257996

中国美食地理

肉食

的快意

江湖

魏水华◎著

青岛出版集团 | 青岛出版社

图书在版编目（CIP）数据

肉食的快意江湖 / 魏水华著 . — 青岛 : 青岛出版社 , 2024.8
ISBN 978-7-5736-2333-1

Ⅰ . ①肉… Ⅱ . ①魏… Ⅲ . ①饮食 – 文化 – 中国
Ⅳ . ① TS971.2

中国国家版本馆 CIP 数据核字 (2024) 第 103007 号

ROUSHI DE KUAIYI JIANGHU

书　　　名	肉 食 的 快 意 江 湖
著　　　者	魏水华
出版发行	青岛出版社
社　　　址	青岛市崂山区海尔路182号（266061）
本社网址	http://www.qdpub.com
邮购电话	0532-68068091
出品方	桔实文化
出品人	张雪松
选题策划	郑本湧
出版统筹	赵泽涵　王廷宇
策划编辑	周鸿媛
责任编辑	肖　雷
封面设计	天下书装
装帧设计	叶德永　唐　娜
制　　　版	青岛千叶枫创意设计有限公司
印　　　刷	青岛海蓝印刷有限责任公司
出版日期	2024年11月第1版　2024年11月第1次印刷
开　　　本	16开（710毫米×1010毫米）
印　　　张	9.5
字　　　数	136千
图　　　数	98幅
书　　　号	ISBN 978-7-5736-2333-1
定　　　价	58.00元

编校印装质量、盗版监督服务电话　4006532017　0532-68068050
建议陈列类别：美食类　生活类

目　录

肥腴之美

猪油味浓，猪油渣也可解馋

众多牛肉菜肴，道尽千秋往事

羊肉是冬日里的暖，是夏日里的人情

无鸡肉不成席

鸭子不是配角

鹅油的美味值得一试

新鲜之味

餐桌无一鱼，人间滋味少一半

螃蟹是自然的恩赐

螺肉是饮食江湖中的世外高人

肥腴之美

FEIYU
ZHIMEI

○ 众多牛肉菜肴，道
尽蜀地千秋往事

○ 鹅油的美味值得
一试

猪油味浓，猪油渣也可解馋

猪油美食和菜饭

猪油可暖心

猪肉是大部分中国人吃的数量最多的肉。大部分人家的餐桌上必不可少的就是用猪肉制作的各种菜肴。猪肉类菜肴虽多，但我觉得最能体现猪肉类菜肴风味的还属用猪油制作的各种美食。

在有机化工业里，猪油和牛油、羊油通常不被视作同一类材料。

牛油、羊油性状稳定，很适合用于工业制造。而猪油在天气热的时候，可能在室温下就会化开，而且性状不稳定。造成猪油性状不稳定的原因有很多，其中一个主要原因是猪油里含有太多的杂质。

这些"杂质",恰恰造就了猪油迷人而多变的香味。本质上来说,猪油香味的来源是猪肥肉炼制过程中析出的一部分芳香物。不需要加太多调料,猪油与各类食物的结合就能给人带来愉悦的感受。

南唐后主李煜这样描写江南的倒春寒:"罗衾不耐五更寒。"简单七个字,深刻而妥帖。春寒之夜,就需要来点儿暖胃暖心的消夜。加了白糖的红豆粥也许不错,但缺了油润;撒了胡椒、香菜的羊肉汤固然好,但缺少温和。一碗猪油菜饭,才算是初春之夜最妙的选择。

江浙沪猪油菜饭

猪油菜饭和蔡澜钟爱的猪油捞饭其实是两种东西。"捞"在广东话里有一个意思是"混合"。而钟爱猪油的广东人又有拿它和酱油、小葱花等一起拌白米饭吃的传统，所以猪油捞饭的核心应该是猪油而非其他。蔡澜说吃一口猪油捞饭，会激动到流泪。我想他拿猪油捞面、捞粉、捞一切可以捞的主食，应该都有一样的感受。

但猪油菜饭里的菜却是很重要的部分。这里的"菜"，特指小青菜，在江浙地区，也叫小棠菜、上海青、江门白菜。不同于适宜夏天吃、脆爽无比的小白菜，小青菜这东西不到秋天气温较低时就不肥厚，吃着也会有涩嘴的青草味。要等到霜打过后，肥美的菜梗基部膨大出微凸的小球时，才能出现甜味。上海人擅长拿它清炒，加点儿蒜蓉和盐，不用别的调料，就足够鲜甜。小青菜拿来煮食也不错，用它做的小青菜年糕汤尤其值得一书。上海小青菜、宁波年糕条、舟山大海米、苏州豆腐干一锅煮，再来点儿香油、小葱即可。吃后满嘴都是吴侬软语的甜糯喷香。

当然，若论小青菜最好的归宿，那必定是做成猪油菜饭。

2008年，上海世博会前夕，我在沪采访。彼时的"魔都"像个大工地。当天忙完已是夜里十点多，踟蹰街头，从人民广场一直走到老西门，实在找不到什么像样的吃食。正准备在便利店买个盒饭随便打发，却忽然在东台路古玩市场外发现一家小馆子冒出热气。走进去后发现老板是操着一口上海话的本地人，菜牌上也都是排骨年糕、菜肉大馄饨、火腿菜泡饭等散发着"石库门风情"的东西。

我要了一份猪油菜饭，揭开黑魆魆的瓦钵盖，感觉一股混合着猪油香和蔬菜独有的清新味道的蒸汽扑面而来。这些味道让人打了个幸福的哆嗦。嗯，菜是正宗上海青，菜梗肥厚而叶片细小，闷在白米饭里，早已软糯适口。菜叶子的颜色或许卖相不好，但加了猪油之后油润的样子，依然让人胃口大开。配着一碗新冲的老油条紫菜汤，香、咸、甘、爽都齐了。那样的消夜，不适合细嚼慢咽，最好是狼吞虎咽，到肚里饭菜都是热的才好。到最后，恨不得把钵里的葱花碎都舔干净。

其实，沪式猪油菜饭和广式猪油捞饭，最大的不同应该是沪式讲究"热乎"两字。许多人不懂行，像做捞饭一样把猪油、酱油倒在菜饭上搅拌。如果是大冷天的话，那凉的就不只是"黄花菜"了，心也凉了——本来软糯的菜梗子，会变得糊烂，一如剩菜，无法入口。

咸肉菜饭

因为菜饭讲究的是"热乎"以及"菜"，所以猪油并不是菜饭的必选项。茹素者可以用花生油、芝麻油之类香味重的油来代替猪油。而作为菜饭里高阶版本的咸肉菜饭，当然也是不放猪油的。我曾经在和平饭店能望到黄浦江的包间里吃过一顿非常精致的咸肉菜饭。它用的是腌制、风干的五花肉。厨师刀工了得，将肉切成薄薄的片儿，而且每一片都有皮、有瘦肉、有肥肉。焖制过的腌肥肉是最好吃的，呈半透明的琥珀色，不腻，很香；米饭用的是泰国茉莉香，白口吃就不错；小青菜的处理最有门道，菜梗和菜叶子是分开的，菜梗切成小拇指粗细的条儿，和肉、饭一起焖透，快起锅时再撒入切碎的菜叶子，略焖即可。这样既能保证小青菜软糯入味，又增加了翠绿的颜色，讲究！

有朋友旅居澳大利亚，她告诉我，当地也有上海青——他们叫作"bak-choy"——可惜没有南风肉（一种腌制的猪肉），不能做咸肉菜饭吃。我说："拿培根来代替如何？"试验之后，果然成功。超市的培根大多是片好的，连片肉的刀工都不用了，焖好后一屋子浓浓的烟熏香味。培根菜饭比上海街头许多人做的"咸肉菜饭骨头汤"好吃无数倍。

朥粕和朥饼

猪油在广东潮汕被赋予了一层乡土的基因，当地人称为"朥（láo）"猪油。

"朥"原本应该是"膋"，繁体字为"膋"。可能是为了阅读方便，当地人把"膋"写成了"朥"，"膋"在古书里意思是肠子上的脂肪。《诗经·小雅·信南山》有云："……取其血膋。是烝是享，苾苾芬芬。"诗句大意是动物的油脂烹饪后非常香。

潮汕人重视传统文化传承，所以"膋"和"朥"这些冷僻字得以沿用至今。

"糟粕"也美味

今天，潮汕人依然把猪油叫成"猪朥"，把猪油渣叫作"朥粕"。

传统的潮汕菜极其看重猪朥，认为猪朥有植物油脂无法比拟的特殊香味。比如炒芥蓝菜和煎蚝烙，秘诀都是"厚朥、猛火、芳臊汤（鱼露）"。

猪肉炼油后剩下的"糟粕"也很好吃，扔掉太可惜了，那么跟猪朥一起用来炒菜吧，于是有了"朥粕炒芥蓝""朥粕炒厚合（莙荙菜）"等潮州菜名肴。

只要是能"吸油"的蔬菜，像番薯叶、春菜、苋菜等，跟朥粕同炒，都会特别香腴。而潮州人喝的汤里，有的也能见到若干朥粕飘浮在上面。每次一盆汤端上来，飘在上面的两三块朥粕总是被一抢而光。

朥饼是老大

潮汕人制作的糕饼里，猪油也是当仁不让的主角。当地著名的糕饼三姐妹是朥糖、朥糕、朥饼。

朥糖是猪油和麦芽糖混合均匀后，加热、干制、切丁的产物，油润甜香，是旧时孩子们攀比的利器。

朥糕比较复杂一些。糯米是主料，猪油、白糖是辅料。朥糕可以看作是加了猪油的糍粑，但朥糕含水量更少，有嚼劲、不粘牙。相比糍粑，朥糕的外形也更规整、漂亮。

朥饼则是三姐妹中的老大，是许多潮汕人一到中秋就要心心念念的好东西。参加潮汕人的宴席是一件幸福的事，可以吃到炒薄壳、红葱鸭、豉汁鳗鱼、生腌蟹等一桌子好菜，而压轴的甜品一般是朥饼。

朥饼上桌后，主人用刀子对半切开。里面是正在流油的橙红色的咸鸭蛋黄和晶莹发亮的半透明的莲蓉。外面金黄的饼皮不像一般酥饼那样掉屑，而是保持漂亮、完整的样子。它的颜值称得上满分。

一块入口，饼皮散发着浓浓的猪油香味。用力嚼之，能听到"咔嚓"的声音，颇有点儿苏式月饼的风范。莲蓉有一种巧克力般的丝滑，咸蛋黄则很好地中和了甜味，两者结合形成标准的"广月之王"蛋黄莲蓉月饼的味道。

没错，对潮汕朥饼的正确解读，应该是"苏式月饼的外表，广式月饼的内心"。

当然，蛋黄莲蓉版本的朥饼，是上得厅堂的版本。更传统的朥饼，应该是绿豆沙馅的。猪油酥皮肉香浓烈，绿豆沙清凉宜人，这种组合听起来有点儿奇怪。但在暑热尚未褪去的潮汕的农历九月，有一盘绿豆馅朥饼、一壶冻顶乌龙茶，即便中秋已经过去，潮汕人也有人生美满的感慨。

猪油渣的风情

猪油固然好，在炼制猪油过程中产生的副产品——猪油渣也是人间的一道美味。

中国人食用油渣的记载，最早可以追溯到先秦时期。《礼记》描述周天子的饮食，除了记录了各种动物油脂外，还记录了一种名为"淳熬"的珍品："煎醢加于陆稻上，沃之以膏。"意思是将炼出油的肉酱加在米饭上，再浇上油脂。它可能类似今天的加了猪油渣的猪油拌饭。

之所以用肉酱炼油，而不是肥肉丁，可能与当时打造烹饪器皿的技术不过关以及对火候的控制不精准有关。在相同的烹饪条件下，肉酱受热更均匀，出油时间更短，不容易焦煳。

相比如今常见的猪油渣，这种用肉酱炼的类似肉松的猪油渣想必脆口不足，但香浓更甚，用来拌饭，或许别有滋味。几乎可以想象那种牙齿轻轻一碰，细密的油脂瞬间飙出充盈口腔的幸福感。这种感觉直击灵魂。

现代意义上的猪油渣，最晚出现于南北朝。北魏的《齐民要术》里，记载有"猪肪燋（chǎo，意为炒），取脂"。"肪"这里指猪腰部囤积的肥肉。

耐人寻味的是，《齐民要术》记载了众多的猪油用法，包括做菜、蒸饭、酿造、制药、萃取香料，却并未出现猪油渣的用法。

出身书香门第的贾思勰，在这一点上暴露了其创作的幽微心思：猪油渣上不了台面。

而在五代时期，成语"民脂民膏"的出现，更印证了贾思勰的观点。这一成语出自后蜀国主孟昶告诫属下官员的《戒石文》，形容对百姓的压榨：贪官们拿走了猪油，给百姓留下的只有油渣。现在它指人民的劳动果实。

　　这种观念让作为美食的猪油渣，长期在中餐里得不到广泛的应用，其地位甚至不如它的兄弟——炸猪皮。

　　这种观念上的固化，在宋以后有了松动。

据记载元末明初，出现了一种名叫"糖炙猪肥"的食品。肥肉切片，用砂糖、酱料、莳萝、花椒腌渍一日，阴干，再用小火煎透，即成油渣。这也许是中国历史上第一次出现的精心制作的油渣。

到了近代，中国人逐渐抛弃了以身价论食材的积弊，大量民间食物得以传播、发扬，并反向影响上层人士的饮食习惯。有史书记载了光绪帝正月十五吃的饭菜，里面除了有荸荠蜜制火腿、鸡丝煨鱼翅等精致菜肴之外，还有肉片焖豇豆、油渣炒菠菜这样的"家常菜"。

可见，民间用猪油渣炒蔬菜的普遍做法，已经被最顶层的贵族接纳。

民国时期，上海影星秦怡、黎莉莉等人避居重庆。在后来的访谈里，她们回忆当初的日子"用猪油渣炒辣椒吃，苦中作乐"。其中滋味固然与江浙沪地区的精馔细脍不同，但能从猪油渣里吃到乐趣，也显示了猪油渣地位的转变。

猪油渣美食地图

| 福建膀粕 |

同潮汕人一样，福建人也把猪油渣叫作"肉粕"或者"膀粕"。福建人素来爱钻研美食，所以即使是对看起来很普通的猪油渣，他们也要动脑子做得很精细。

制作膀粕要选脂肪丰厚的五花肉块，切成厚薄相当的肉条，先在加了少许食盐的清水中煮熟——这一步是为了将肉、去腥——然后沥干，放进油锅以高温炸制。

将猪肉炸好后放入圆形器具中挤压。这个步骤有两个目的：一是挤出油，让膀粕口感更干更脆；二是让膀粕定型。做好后的膀粕像一个个薄薄的圆饼，口感脆中带着韧劲。食客还能吃到一丝丝瘦肉的肉丝。

膀粕是佐粥神器。当然在膀粕上撒点儿白糖或者盐粒，还是叔叔伯伯们的下酒"神器"。"咔"一口膀粕，"吱儿"一口小酒，没有比这更惬意的事了。那膀粕的香味总引得小孩子们在桌边转悠。大人拿起一块膀粕打发了，过一会儿孩子们吃完了又来要。

在福建，有许许多多专门制作膀粕的作坊。作坊主开发出各种口味：蒜香、五香、胡椒、麻辣……他们还根据不同的保质需求做出了锁鲜装、真空装等包装形式。离开家乡出门工作的"胡建"人在外地吃到这一口美味，就仿佛回到了童年。

| 贵州脆臊 |

到了贵州，尤其是省城贵阳，我们可以发现满大街的"脆臊面"招牌。"脆臊"就是贵州人对猪油渣制品的称呼。然而直到走进面馆，才发现原来这里有各种"臊"，非得向饭馆老板好好问个清楚，方能正确点单。

没错，贵州人把猪油渣做出了更多细分的种类。

脆臊坯，就是大多数人心中标准的猪油渣，是用纯肥肉熬的。把肥肉切成丁或块后入锅，直到大部分脂肪熬出、肥肉呈金黄油脆的状态，脆臊坯就熬好了。

"软臊"坯的用料与脆臊坯不同，用的是五花肉。因为五花肉里带有瘦肉，为了让瘦肉不至于干柴，制作软臊坯的时间就要比制作脆臊坯短许多，并且软臊坯炸好后还要加水略煮让其回软。软臊坯的口感更加丰富——瘦肉干而韧，肥肉则外脆内软。软臊也因此得名。

与软臊坯类似但稍有区别的是"瘦肉臊子"坯。瘦肉臊子坯特指用以瘦肉为主、稍微带一点点肥肉的材料做成的"臊子"坯。这种"臊子"坯比软臊坯香一点儿，又比脆臊坯软一点儿，也是很多人心头的"大爱"。

在以上三种"臊子"坯之外，还有一种已经脱离了"以肥肉熬油后得到猪油渣"这一本质的"精臊"坯。精臊坯的制作方法与其他"臊子"坯的制作方法区别不大，但精臊用的是纯瘦肉，这是为肥肉恐惧者或者偏爱干、脆口感的食客准备的。

不管是做什么类型的"臊子"，把油熬出来其实只能算完成了初级步骤。贵州臊子让人着迷另有秘诀：当肉里的油被熬出六七成之后，就需要把油倒出来一点儿，加入酒酿等材料翻炒。这样做出来的才是"臊子"，酒酿里含有酒精和糖，所以酒酿的加入起到给"臊子"增香、增色的作用。这也是"臊子"们被装进盆儿里摆上台面的时候，都呈漂亮的红亮色的原因。

连"膸子"类型都分得那么细的贵州人，在"膸子"正式上桌前更不含糊，要将其进行层层加工。

如果拿"膸子"配面，那要用植物油、酱油、料酒、辣椒、五香粉、红油等各种材料再进行翻炒。炒好后，"唰"地浇在面上，一碗热气腾腾的膸子面就成了。

"膸子"也可以做成下酒菜。把软膸加上青椒、西红柿，加点儿蒜泥、葱花、醋、香油、酱油等一拌，就是凉拌软膸；把青椒、红椒、大蒜、大头菜等炒熟后，加入软膸翻炒出锅，就是"怪噜软膸"。这两道菜荤素搭配合理，馋气四溢，都是极具贵州特色的下酒菜。

有一类贵阳独有的火锅，贵阳人叫"豆米火锅"，就是用"膸子"等材料做成的。将干四季豆熬成浓浓的汤底，然后把"膸子"在豆汤底中略微一煮即可。吸收了豆香的"膸子"软滑、香浓，是出了贵阳就吃不到的美味。

| 山东脂渣 |

"脂"即油，"渣"即废料。和膌粕一样，"脂渣"二字生动地说明了它的来源。

山东人爱吃的脂渣一般是长条状的，炸完后只有筷子粗细、一根牙签的长短。当然，也有片状的。相比脆哨之类的食物，脂渣体积更大，所以直接吃起来很过瘾。"干嚼脂渣"就是一种经典吃法。

这类油脂厚重的食物，若与面食结合，就更加诱人，所以擅长面食的山东人想到了把脂渣掰成小碎块，放进包子皮里。包子皮儿最好是地瓜面的，脂渣搭配点儿时令蔬菜做馅。一口咬下去蔬菜的清香和油脂的香味充盈满口，能让人狼吞虎咽地吞下好几个。

还有道经典菜是脂渣拌圆葱。圆葱，即洋葱。山东是我国圆葱的主要产区之一。圆葱的甜脆刚好和脂渣的油香中和，搭配起来相得益彰。

除此之外，拿蔬菜、蘑菇、豆腐等一起炖煮的脂渣炖锅，把脂渣切碎裹进面皮里做的脂渣千层饼，蒸软后直接蘸蒜泥吃的脂渣，都是山东人痴迷的食物。

| 东北油嗞拉 |

大东北就是欢乐，取个菜名都自带喜感。听听，把油渣叫"油嗞拉""油梭子""油吱嘎"。肥肉丁在锅里打着转转"嗞嗞"冒油的画面感就出来了。

东北气候寒冷，每到腊月猪就不怎么长膘了。人们杀了猪就准备过年。油嗞拉堪称几十年前东北杀猪宴上比较"硬"的一道菜，也是年夜饭开席前给孩子们的开胃零嘴儿。这道菜里不仅有肥膘肉，还有鸡冠油。鸡冠油是从猪肠子里剥出来的脂肪，因其形似鸡冠而得名。现在已经很少有人吃鸡冠油了，但在以前，这种绝佳的油脂，人们是断断舍不得丢弃的。

东北人把熬猪油的过程称为"�油"。准备杀猪宴的师傅把鸡冠油先放进锅里熬，到微微冒热气了，再放猪肥膘。这样做是因为鸡冠油出油多，加入它能让油嗞拉熬好后不发干、更油润。

除了直接丢嘴里嚼以外，东北另一种吃油嗞拉的创意与山东颇为相似——拿面食配。东北酸菜大名鼎鼎。把酸菜和油嗞拉分别切碎，再加上一点儿肉末和各种调料搅拌，清香酸爽的东北酸菜和油嗞拉就可以一起去饺子皮里相会了。

其实油嗞拉饺子的馅料并不拘泥于怎么搭配。酸菜当然独具东北风味，其他诸如白菜、萝卜等也都可以作为配角一起裹进饺子皮里去。各种味道清香的蔬菜和有浓郁香气的油嗞拉都能完美搭配。那一口一个油嗞拉饺子的幸福感肯定是大多数东北人放不下的家乡情结。

众多牛肉菜肴，
道尽千秋往事

中国人对牛肉的感情极其复杂。

牛肉好吃。它拥有羊肉和猪肉都不具备的特殊香味和厚重口感，对于民以食为天的中国人来说，是无法阻挡的诱惑。

但在古代中国中原这片农耕文化深入骨髓的地方，人们自然而然地认为牛是生产工具而非简单的食材。在很多朝代，私自宰杀耕牛都是非法的。上至皇族，下至平民百姓，基本不以吃牛肉为风尚。这与西方以牛肉为核心的饮食文化截然不同。

所以在中国，较为出名的牛肉名吃，大多发端于江湖之远。东北的炖牛肉、甘肃的牛肉面、安徽的牛肉汤、江苏的牛肉锅贴、贵州的牛肉粉、广东的牛肉丸，或是游走在土法边缘的李逵和鲁智深们的酒肴，或是来自边远地区的异域风味。

一般来说，在中餐许多菜系中，牛肉的重要性远低于猪肉、鸡肉等肉类食材。而且许多菜系里的牛肉菜肴可以用其他的肉做出类似的菜：鲁菜里有葱爆牛肉，也有葱爆羊肉；浙菜里有杭椒牛柳，也有杭椒炒肉；湘菜里有小炒牛肉，也有小炒肉片；粤菜里有蚝油牛肉，也有蚝油里脊……

但川菜完全不同。

牛油火锅、水煮牛肉、火边子牛肉、灯影牛肉、冷吃牛肉、红汤牛肉、卤牛蹄筋、凉拌牛肉……川菜复杂的牛肉做法和多元的牛肉菜体系，足以让其他菜系叹为观止。

为什么在四川能发展出复杂的牛肉饮食脉络？

三牛之地

三种牛

"牛"与"耕",是天然相关的一对汉字。

中国的牛,很早以前就为了适应耕种的需求,被驯化成了不同的种类。

广阔的北方干旱、半干旱地区适宜种植小麦,相应地,力气大、耐风寒、需水量小的黄牛成了优势种群。

南方水草丰茂的地方,则是由需水量大、牛蹄宽阔、习惯在淤软的水田里行走、劳作的水牛担任主要劳动力。它们是稻田耕种的主要出力者。

体毛茂密、适应高原极端气候的牦牛,则在青藏高原和云贵高原有着广泛的养殖。这里的人种植生活中不可或缺的青稞,大多数由牦牛负责耕作。

这三种牛的肉,构成了中国牛肉的"三国演义"。黄牛肉脂肪均匀、肉质细嫩,煎炒俱佳;水牛肉筋道、含脂量低,清炖、红烧极为适宜;牦牛肉纤维粗疏,但味道更浓郁,用它做成的肉干回味悠长。

川牛和川人

巧合的是,四川盆地恰巧处于三种牛生活的交叉点:川北与八百里秦川相望,川东穿过三峡可以直抵长江中下游,而川西、川南则是牦牛生活的高原地区的边缘。

四川拥有如此丰富的牛种资源,可以说只要有想得到的料理方式,就能找得到合适的牛肉。

从地理上来看,四川封闭的区位,还造就了它长期远离中原文化、独立发展的独特形式。两汉之前的古籍,对巴蜀的记载大多语焉不详。即便到了

唐代，李白在《蜀道难》里还在感叹四川的历史久远，实在无法详述："蚕丛及鱼凫，开国何茫然。"

反过来理解，《礼记》中"诸侯无故不杀牛"的要求，也在很长的时间内无法传入"不与秦塞通人烟"的四川。这就为川人吃牛肉创造了最基本的条件。

隋唐前后，随着交通运输业日渐发达，四川和其他地区的交流逐渐增多。得益于肥沃的土地资源和远离中原战乱的环境，这里逐渐成为文化最昌明的地区之一。四川培养了以李白、苏轼为代表的精英士子。最有趣的是，他们出川后，或多或少地保留了川人吃牛肉的习惯。

李白说："烹羊宰牛且为乐，会须一饮三百杯。"在唐朝，堂而皇之地把宰牛写进诗里，无异于挑战王法的举动。这也从侧面证明了李白知道吃牛肉之"乐"。

曾经在成都居住过数年的杜甫吃牛肉的事迹则被记入了正史中。史书中说他："啖牛肉白酒……"杜甫爱吃牛肉，一定是板上钉钉的事实。

相传，苏轼在流放黄州时，一直记挂川中牛肉的滋味。他买下一头得病的耕牛，拉到城外偷偷宰掉，做成烤牛肉吃。偷偷享受美味的愉悦，在苏老饕身上诠释得淋漓尽致。

牛肉，是川中士子挥之不去的乡愁，是川中文人士子们的舌尖喜好。这些记载也确立了牛肉在川菜中的崇高地位。

扩散与融合

蒙古和南宋长达半个世纪的拉锯，对于中华文明来说，是极大的破坏。而这期间，尤以发生在四川的战争较为惨烈。到了明末清初，攻伐争斗较为胶着的地区又是四川。

这里的人口数量因为战争而锐减，还有相当一部分拥有财富、地位的士绅，为避战乱逃到了江浙地区。而在后来的湖广填川运动中，应征入川的大部分是底层的人民——古代中国人是安土重迁的，愿意不远千里移民到其他地区的人，绝大多数是因为在老家活不下去了，不得已才迁去四川。历史进程虽然打断了精英文化在四川的进一步发展，却缔造了川菜，特别是牛肉在中华饮食里独特的面貌。

移民者之间的融合，带来了美食的发展。各大菜系几乎在川菜里面都能找到自己熟悉的影子，而川菜里的牛肉菜肴能在全国风靡，可能也正是基于这一原因。

跷脚牛肉是川味的灵魂

乐山优越的地理环境

与四川大多数的代表性美食一样，跷脚牛肉也是劳动人民的美食。

四川是个世界遗产（包括自然遗产、文化遗产、非物质文化遗产等）非常多的地方。在九寨沟、都江堰等地方的遗产的光芒的照耀下，可能鲜有人知道，乐山是这个西南省份遗产总量最多的城市。

乐山被眉山、内江、自贡、宜宾、凉山、雅安等市（州）包围，是省会成都通往大西南腹地的必经之路。

依托岷江、青衣江、大渡河交汇带来的发达水系的便利，乐山地区相对较早产生群居部落。人们在此从事各种生产活动。乐山拥有与川江汇流相关的流传至今的三处世界遗产：乐山大佛、峨眉山和东风堰。

兼容的气质

漫长的历史、发达的水上交通条件、良好的农耕环境，使乐山成为天府之国里的"小天府"。这里成了重要的商贸集散地，由此带来的是丰富的物资、南来北往的各类人、多样的风俗。它们在这里碰撞、融合，最终发展为精彩纷呈的码头文化。

这种文化反映在饮食上，就是一种兼容的气质。码头饮食往往用料大胆，粗犷有余而精细不足，在口感上，更追求火爆麻辣的刺激。从省会成都流传过来的上河帮川菜，又有鲜香绵长的特色，使得乐山具有口味温和的一面。

跷脚牛肉的做法和吃法，诠释了这种看似矛盾却又意外和谐的兼容。

跷脚牛肉的由来

跷脚牛肉起源于乐山苏稽镇。苏稽镇建镇于隋朝，历史上也被称为"桂花场"。

苏稽镇是名山、名佛之旅的黄金驿站，文人雅士、香客居士途经苏稽镇感于美景，常常以诗抒怀。"滩声悲壮夜蝉咽，并入小窗供不眠""水驿江城日日去，云峰高处见三峨"，描绘的是苏稽镇优美的自然环境和百姓的生活场景。

往来奔波的客商和文人，把乐山大佛与峨眉山的美名带出四川，也把跷脚牛肉的美名带了出去。

关于跷脚牛肉的诞生，当地流传着不同版本的传说和故事。一说20世纪30年代，一位老中医在峨眉河边悬锅烹药，救济行人。其间，他看到大户人家把牛骨、牛肠、牛肚之类的牛杂扔进河中弃之不食，甚觉可惜，于是把扔在河里的牛杂捡回家，洗干净，放进熬中药的汤锅中煮熟。捞出食用后，发现药香与肉香相互浸润，汤浓肉香，遂流传开来。

又一说，苏稽镇有一周姓人家以宰牛卖肉为生，周家女婿见当地人每每将牛杂弃去不食，深觉可惜，于是他灵机一动，在峨眉河边垒灶埋锅，把牛杂切条煮熟，配以香料熬煮，做出的牛杂滋味鲜美，引得人们争相食用。

不论是谁的灵光闪现的发明，它总归因为味道鲜美、价钱低廉，而让劳动人民喜欢上了。劳动人民饮食大多不太讲究仪态，或坐或蹲，或立在桌边，一只脚搭在桌底横梁上，跷着脚大口食用，久而久之，"跷脚牛肉"之名传开。

今天，跷脚牛肉已成为四川人，甚至全国人民喜爱的日常美食。

若是为吃入川，懂行的饕餮客大多会把第一站放到乐山。要品尝最好吃的跷脚牛肉，必先到苏稽镇。

跷脚牛肉的特点

跷脚牛肉的汤被许多吃客奉为精髓。虽然当代人食用跷脚牛肉并不是因为它加入了中药，但中药材熬煮带来的复合而特殊的香气仍然让人无法舍弃。熬煮牛肉的底汤要用到白芷、八角、香草、茴香、草果、砂仁、丁香、桂皮等几十味香料和药材，而各家店铺的秘方又有所不同，故而汤底各有差别。一走进跷脚牛肉的店铺，就能闻到牛肉、香料散发出的层次复杂的香味。据说，经验丰富的四川老饕，仅靠闻香味，就能辨出这家店跷脚牛肉的可口程度。如果香味儿不对，这家店的牛肉必然不"资格"（四川话，即正宗）。

跷脚牛肉讲究的是汤清香、肉酥烂。嘴里的清香好似藤蔓一样相生相绕，这正是上河帮川菜的特性。然而这里毕竟是乐山，乐山人泼辣爽直，不满足于汤清肉烂的香味，还得在边上搭配一碟干辣椒面，蘸着吃。别看辣椒面只

是小小一碟，却被苏稽人称为"跷脚牛肉的灵魂"——热气腾腾的牛肉蘸上鲜红的辣椒面，取的就是一个热闹喧嚣，这劲头真真显出川人本色。每家店的蘸料都是独家秘方，与秘制的汤底一起，构成一碗"血统纯正"的跷脚牛肉的魂与魄。

有汤有肉，没有面食，还不足以满足四川人的胃。这个时候，粆（kā）饼隆重登场。粆饼长得很像肉夹馍的馍。在炭火烤制的圆形面饼中塞进粉蒸牛肉、羊肉、肥肠等材料，再根据个人口味加入花椒、辣椒、葱花、香菜等调味料即可。粆，在四川方言中是角落、缝隙的意思。粆饼就是"在缝隙中塞进各种食材食用"的饼，所以这个名字的由来大抵与粆饼的吃法相关。

最早的跷脚牛肉馆子只卖牛肉，牛身上各个部位的肉分门别类归置好，请食客根据喜好选择。最受欢迎的是胸膘、"火伞"（牛肚和牛肠的连接部位）、脊髓、脑花、白肚、毛肚和头皮。如果是初尝跷脚牛肉，店家会建议顾客选经典"老三样"——牛肉、牛舌、牛肚。后来，顺应食客们的需求，有些馆子又增加了肥肠、豆花、脑花、烧豆腐、血旺等菜式，食客们在一个馆子里能尝到多样的四川味道。

就这样，跷脚牛肉与它的各类搭配菜品交织成一首滋味的协奏曲，成就了乐山人嘴里和胃里的愉悦和放纵。

牛肉丸

　　肉丸，泛指将肉类剁碎、捶打、挤压成的球，在现代是餐桌上的常客，多出现在麻辣烫、火锅、麻辣香锅里。肉丸的历史可以追溯至周代，在周代是珍用八物之一，只出现在飨宴上，那时它的名字叫"捣珍"。肉丸的做法传至民间后，各地发展出不同内馅的丸子，而牛肉丸的做法则要属两广地区最出色，有广式的、潮汕的牛肉丸。

　　两广地区最早开始制作牛肉丸的应该是客家人，他们当时大多养牛，但又因为牛肉不好保存，便用菜刀的刀背将牛肉捶打成肉泥，再捏压成丸状，煮成牛肉丸汤，再用扁担挑着盛汤的桶，穿梭在大街小巷里叫卖，深受大家的喜爱。后来，潮汕人将客家牛肉丸的做法加以改良，因刀背施力不足，特制加重的捶刀，店家用两把捶刀反覆拍打在牛肉上，变成肉泥后，放入大锅里不断搅拌，直到肉浆能黏手不掉，便挤压成形。这样做出的牛肉丸，口感更加脆弹。调整后的潮汕手打牛肉丸，传遍大江南北，更在2003年被中国烹饪协会评定为"中华名小吃"，成为潮汕的美食招牌。

　　牛肉丸的制作方法不仅潮汕一种，香港也发展出特色的牛肉丸。在周星驰的电影《食神》里，演员用牛肉丸打乒乓球，肯定让不少观众印象深刻。那颗会爆浆的牛肉丸就是香港知名小吃——撒尿牛丸，在电影播出后风靡一时。"撒尿"虽然用词粗俗，却很浅显易懂地诠释了它的特色，一口咬下，丸子便会喷出汤汁，这是因为在制作过程中将内馅冰冻，煮熟后丸中带汤，咬开犹如火山喷发，汤汁滚滚，确实状若"撒尿"。

　　牛肉丸的吃法也有多种选择，可以淋上酱汁作为一道独立的菜，也可以把它加进火锅、汤面或河粉里，更不用提潮汕牛肉火锅，若是没有潮汕手打牛肉丸便少了灵魂。而要是在寒冷的冬天，再来一碗牛肉丸汤，温暖身心，也还有营养。潮汕牛肉丸汤通常会加入白萝卜，白萝卜的清甜能够中和牛肉的味道，同时增添汤底的鲜甜。煮好后，再撒上一把芹菜，滴入鱼露，保持牛肉丸最原始的味道，就是一碗地道的潮汕风味。

兰州牛肉面

　　在大西北地区，有一座城市三面环绕高原，但因黄河横穿而过，冲积形成了平原，成为丝绸之路的交通枢纽，也是守卫边疆的军事要塞。汉代称它"金城"，寓意防御牢固，坚不可摧，后来因城市南面的皋兰山，而更名为兰州。兰州最出名的美食招牌要属"牛肉面"，面食作为中国传统主食之一，千年来发展出繁多花样，但将牛肉与面条结合，却是近两百年才盛行的吃法，这要追溯下各民族聚居的兰州历史。

　　兰州因地理位置，自古以来便是兵家必争之地，几经多个政权统治。兰州文化的底色，是民族融合。汉族以外最多的少数民族是回族，他们的饮食习俗必然会给兰州带来不少影响。再加上兰州的西南方有牦牛的重要生产地

甘南牧区，因其具有天然绿色的优质草场，原生态无污染的水源，以及传统天然放牧方式，所以这里养育了高品质的甘南牦牛，提供了大量新鲜、高质量的牛肉，促成了兰州牛肉面的发展。

　　鲜少有一道料理能明确指出创始人是谁，兰州牛肉面却能找到源头。清朝嘉庆年间，回族厨师马保子挑担叫卖"热锅子面"，一端是牛肉熬的清汤，一端是煮好的面条，顾客点单就把面条放进汤里过一下，两者结合便是初代"牛肉面"。生意兴隆的马保子，几年后租下店面，热锅子面也在二代经营者的手上，精进成"一清，二白，三红，四绿，五黄"的清汤牛肉面。

　　清的是牛肉汤底，白的是萝卜配菜，红的是辣子调料，绿的是香菜点缀，黄的是面条柔滑，步步看似简单，实则讲究细致，少了一味都不正宗。特别是清香的牛肉汤，相当考验厨艺，这至关重要的一步称为"吊汤"，牛肉、牛骨及调料熬出原汤后，撇掉汤沫，加水烧开，反覆这步骤直至汤色清透，所以称为"吊"。

　　清汤牛肉面日渐成为兰州人的共同记忆，《舌尖上的中国》曾说："兰州人的早晨，从一碗牛肉面开始。"如今不仅兰州市，全国各地都有兰州牛肉面店，成为中式面食十大代表作之一。

羊肉是冬日里的暖，
是夏日里的人情

　　中国人对各种肉的认识非常深刻，这根植于民族情感。羊肉是很多中国人喜欢吃的肉。除了鱼羊为"鲜"、羊大为"美"之外，中国人一直尊崇的"善"与"义（義）"，也有羊的影子。总之，就差把羊字写成"好吃"了。但是，当羊肉在神州大地上广为流传时，不同地区的人对它的性质、烹饪方法却有不同的看法。

　　沿着不同的路线，南北方发展出了不同的风俗与羊肉做法。

好一片"伏羊区"

"伏羊区"在哪儿？

所谓伏羊，指的是三伏天宰杀的羊。不少城市还为伏天吃羊举办盛大的节庆活动，包括徐州以及宿州、枣庄、临沂等。"伏羊节"已成这些地方的旅游招牌。

研究一下地图，"伏羊区"虽然跨豫东、皖北、苏北和鲁西南四地，但这些地方有着方言相通、民风相类的特点。它们大致属于先秦时代的"天下九州"中的徐州。

因为占据了古代中国最丰饶富庶的土地，地处四通八达的交通要冲，从西晋末年开始，到宋皇室南渡的几百年时间中，"伏羊区"一直是南北拉锯、反复争夺的地区，极易受到破坏，但这些争夺也带来了民族的融合。这里逐渐形成了爱吃羊肉且不分节令的风俗。

安徽宿州下辖的萧县首先提出了"伏羊节"的概念，并逐渐风行整个"伏羊区"，且大有成为一种现象级饮食文化，辐射东部更广区域的趋势。

"伏羊区"的羊好吃吗？

然后，一个问题就要呼之欲出——"伏羊区"的羊好吃么？

从烹饪水平来说，毋庸置疑，这里能做出好吃的羊肉。

作为南北交融的区域，这里的烹饪技法吸取了鲁菜、淮扬菜、徽菜乃至豫菜的长处。

徐州名菜"羊方藏鱼"，将整块羊排肉开孔，把鳜鱼肉藏于羊肉内同蒸。讲究的饭店还要在上桌前摆上鱼头、鱼尾作为装饰品。这是很典型的南方水产与北方羊肉结合的产物，也很符合汉字"鲜"的古意。

宿迁的酸菜羊肉也很有特色，大薄片的羊肉，加酸菜炒，酸鲜适中。这是将羊肉与腌制蔬菜组合做出的美食。

枣庄人不说吃羊，而是说"喝羊"，因为当地的羊汤太有名。用香料熬的羊汤，是枣庄最富江湖气息的美食名片。大街上，羊汤馆比比皆是。里面一般有小方凳、四方桌、一瓶醋、一盒盐以及一罐辣椒。多数馆子差不多是一样的陈设。虽然略显简陋，但是吃客络绎不绝。合格的羊汤要炖到汤色奶白、汤汁醇厚，佐以青蒜、香菜，颜色好看，味道也足，与草原上清汤煮出的手把羊肉区别很大。

但撇开烹饪不论，单从羊种来说，"伏羊区"流行的白山羊，却带着浓郁的腥膻味道。虽然很多爱吃羊肉的人，就喜欢这股羊膻味，但从调和众口的标准出发，白山羊肉算不得好羊肉。

所以，很多"伏羊区"的餐厅近年来也改良了食材，直接从内蒙古草原上运来口外的绵羊用以烹饪。使用这种羊不仅使羊汤味道更上档次，也让慕"伏羊节"大名而来的游客更能接受。

有一位文人曾说，撸串最爽的时候，莫过于酒足肉饱走回家时"大伙踩过满地竹串，撞倒几个空酒瓶，一路引吭高唱莫名的曲调，不知今夕何夕"。这"今夕何夕"四个字用得太妙。是的，对于真爱吃羊肉的人来说，哪会顾得上是伏天还是腊月，遇上好的羊肉，张口大嚼便是。

江南湿冷冬季的治愈良方

北方伏羊的做法豪爽，南方的羊肉做法以温婉著称，红烧是代表性做法之一。羊肉以红烧为主流吃法的地域范围其实不大，主要集中在太湖平原南部，也就是杭州北部、东部的一小片，以及湖州、嘉兴的大部分地区。

有羊自北来

这里羊的品种，本身就是异类。不是南方地区常见的山羊，而是一种更接近北方绵羊的品种——湖羊。据说，它是宋皇室南渡时，被千里迢迢带到江南来的。

宋朝皇室大概是中国历史上最喜欢吃羊肉的皇室。赵匡胤宴请吴越国君主钱俶的一道菜"旋鲊"就是用羊肉制成的。据说，后来"御厨止用羊肉"。宋仁宗特别喜欢吃羊肉，甚至别出心裁地将羊肉充作官俸。某天早上，他对近臣叹息：昨晚失眠，饿啊，想吃烧羊。近臣问：您昨晚咋不说？仁宗回答：怕这次吃了，以后御厨每晚都杀羊。

因为爱吃羊肉，所以，当金国铁骑踏足中原，宋高宗仓皇转进江南的时候，也没忘记带上好吃的绵羊。

南宋对江南的大开发是史无前例的。三国至南北朝时期相关的政府倾向于开垦荒地、收复百越，南宋的主题是"再造一个中原"。南宋皇帝把中原文明的一切都照搬到江浙，除了建造汴梁形制的皇城之外，还在浙江衢州建孔庙，把应天府书院移到了商丘……

湖羊肉的滋味、气味，都介于北方绵羊和南方山羊之间，烹饪方法也有很多。杭州的"御街"上，至今还售卖着南宋范儿的"羊三样"，分别是代表了齐鲁风味的蒜爆羊肉、晋中风味的羊肉烧卖和陕西风味的大片羊汤。

红烧湖羊肉

但红烧，才是最适合湖羊的烹饪方法。

每年冬至开始，一直到第二年开春，红烧羊肉的香味会一直在江南弥漫。从杭州开始，一路走来，在德清、湖州、桐乡、海宁和嘉兴，都能找到红烧羊肉的影子。这些地区的红烧羊肉做法和味道大同小异。

制作红烧羊肉的过程，很有种北方做手把羊肉的粗犷：已经氽水的大方块羊肉都扎着草绳结，每一块都有瘦肉、有肥肉、有皮，最好还带着几根羊骨，满满一盆，被倒进红砖搭砌的柴灶上的大锅里。

锅里已经用甘蔗梢铺满了底。所用的甘蔗是本地出产的紫皮种，很甜，本是喜宴上用来飨客的餐前小食，不能食用的甘蔗梢被放入锅里，除了防止肉被烧焦之外，其中所含的糖分与果酸还能为羊肉去膻、增色。这是充满了劳动人民智慧的辅料。

最后加入满锅的水、两包酱油、一瓶黄酒、一把草果和一碗事先炒好的焦糖。红烧羊肉是不能加萝卜的，萝卜会吸取酱油的味道，加了萝卜的结果是萝卜过咸而羊肉寡淡，不复浓油赤酱的香浓风致。

酱油最好用本地的"湖羊牌"。这种产于杭州的、包装简陋的袋装酱油，入口浓酽微甜。这个名字或许是为了形容这种酱油的红烧羊肉汤汁一般的滋味，又或许是暗示它是最适合制作红烧羊肉的调味品。

制作这样一锅羊肉，也不需要什么烹饪技巧，只要火不断，且一直开着锅盖，任羊膻味飘散即可。汁水即将收干之时，羊肉自然变得丰腴味美、酥

松脱骨。出锅前再撒一把青蒜苗，这很重要，可以去膻、增味，也让羊肉卖相更好。

评判红烧羊肉的优劣有个很简单的标准：做羊肉的汤水里的酱汁和油脂如果已经分层，那么做出的羊肉一般好吃；反之，如果汤水还是混沌状态，那么做出的羊肉可能不好吃。

红烧羊肉最宜配白酒，特别是雨雪交加、孤灯摇曳的冬夜里，来一碗热腾腾的羊肉和一瓶够度数的老白干，吃完、喝完后浑身大热，睡觉不盖被子都不怕。

吃完羊肉的时候，汤汁往往已经凝结。一层雪白的羊油铺在碗底，在红色汤汁的映衬下，煞是好看。所谓"羊脂白玉"，形容得极其到位。

按照惯例，汤汁也是不能浪费的。盛一碗热乎乎的白米饭，连油带汤加一大勺，米饭的热气会让羊油自然化开，趁热拌之。香，甜，浓，鲜，世上再也没有比这米饭更好吃的东西了。

更经典的做法是做成酥羊大面。碱水面焯水，加入煮羊肉的半凝结的汤汁，再加入带骨的红烧羊肉块，不能加水，要干挑的才够味。江南冬天湿漉漉的心灵，全靠这一碗面才能治愈。

羊肉炉是台湾的滋味

慰藉心灵的伴侣

在我国台湾地区，羊肉炉又是南方的另一种滋味。

十几年前，我采访过一位台湾作家 LogyDog（直译为"迟缓的狗"）。他写了一篇文章《我的住院日记》，情节大致是：某个寒冷的冬天，作者不小心打翻了热羊肉炉，烫伤后住院。在那个网文刚刚萌芽的年代，他把这段经历写成文字，并发表在网络上，很快引来了出版商和记者，也包括我。后来便有了 LogyDog 的成名作《我的住院日记之羊肉炉不是故意的》。

采访中我问他："是什么勇气让你把自己的痛苦变成搞笑文字？"他答："幽默大多来源于真实。"那时候我还是初出茅庐的实习记者，并不明白他话里的更多的含义，只是记住了"真实"两字。

LogyDog 的这本书，反映出了羊肉炉在台湾人心中真实的存在感。台湾的冬季多雨，湿冷的气候是最磨人的，所以在飘雨的冬夜里，一炉祛湿又温暖的羊肉，成了慰藉心灵的最佳伴侣。

羊肉炉的做法和吃法

制作羊肉炉不难，唯"功夫"二字而已。一斤带皮的羊肉，满满地塞进小砂锅里，加入桂枝两钱（一钱等于五克）、陈皮两钱、熟地两钱、白果两钱、当归三钱、党参三钱、枸杞子三钱、黄芪三钱、红枣六颗、葱白三根、姜一块，小心地从锅沿往锅里注满水，在红泥小火炉上慢慢"笃"了。一般都要炖两三个钟头，等食客随叫随点。临上桌前再浇入半瓶台湾米酒，任它翻滚一会儿，每一块羊肉就都带上了鲜嫩的甜味。

羊肉炉标准的吃法要蘸台式豆瓣酱和酱油膏调出来的小料。台式豆瓣酱和四川的郫县豆瓣酱不一样。台式豆瓣酱不辣，带着甜味儿，和广式烧羊肉里用的柱侯酱有点儿类似。

酱油膏是用酱油加上淀粉等粉状物，再加上蔗糖或冰糖等糖类，熬制成的一种甜咸味道势均力敌的膏状调料。酱油膏是台湾各类小吃的主要蘸料，从白切鸡、猪蹄、炸虾卷到烫蔬菜……如果说上海老太太要一手酱油瓶，一手糖瓶的话，台湾老太太则已经把二者放到同一个瓶里。我还见过台湾人用它来蘸生西红柿的。

有了豆瓣酱和酱油膏的加持，羊肉的鲜甜就被无限放大。两人一小锅，很快就被分食干净。别急，吃了羊肉这顿饭才吃到一半，问老板要一点儿油菜、玉米、香菇、金针菇、白菜、高丽菜、薏米等不夺味的东西，像吃火锅一样现煮现吃，慢慢把锅里的羊肉鲜味吸净。到最后，一锅汤乳白诱人，舀一碗入肚，浑身就热了。这时候如果能捞出一两根羊棒子骨是最幸福的，吸吮那炖得老道的羊骨髓，才会明白"食髓知味"这四个字的含义。

有一年冬天，我在高雄的冈山，晚上肚饿难忍，上街一看，见公路上沿街停的车排起了大长龙——原来是本地人携家带眷、呼朋引伴出门吃羊肉炉了。此时已接近十点，这恐怕是别处夜晚不多见的情形。我坐下来，要了一份当归羊肉炉，汤头很鲜，羊肉很醇。那时候屋外正飘着冬季的冷雨，屋里却充满了温暖的肉香味和台湾腔绵软的笑闹。他们很真实，他们很幸福。

后来，每年冬季的冷雨夜里，我都会想起那个在高雄的夜晚。我相信量子力学的平行宇宙学说和多维空间理论，倒不是炫耀自己的物理水平，而是我知道，在人生无数纵横交叉的抉择路口中，总有一条路，让人们在生命中的那个节点得到幸福。在每一次铭心刻骨的选择里，总有一条自己选对了的路。总有一个我，在另一个平行宇宙或者高维空间里，此时此刻正坐在高雄的小餐馆中，吃着羊肉炉。"当"的一声，我的杯子与对面那人的杯子碰到一起。

无鸡肉不成席

三杯鸡和两杯鸡

江西三杯鸡

很多人不知道的是，台式馆子、港式餐厅的名扬天下的三杯鸡，其实是地道的江西菜。多年前我第一次品尝三杯鸡，就是在著名的"火炉"南昌。

当时的餐桌上，现在有印象的几个菜里有一道就是三杯鸡。

在江西很多人喜欢吃味道浓郁的菜，在南昌吃的这道三杯鸡的主料却是味道较淡的六个月大的嫩鸡。此鸡肉软，无渣，不如老母鸡来得香。但是做的时候，第一杯猪油下去，油脂的香味瞬间就带出了鸡肉的香气；第二杯老抽下去，浓重的颜色

一下子就出来了。最妙的是第三杯米酒，它里面的酒精可以去除肉类的腥味，而它独有的微甜又带出了老抽的鲜美，还可以让鸡肉的包浆更浓稠。

三种配料的组合实在绝妙，不用再加包括水在内的其他东西，只用中小火熬煮到鸡肉酥烂，做出的就是简单纯真的美味。

后来我又在江西的宜春、吉安等地吃过口味不一的三杯鸡，用料略有区别。奇怪的是，在无辣不欢的江西，三杯鸡居然无一例外地吃不出辣味。浓酽，略带甜口，才是标准的味道。

尤其在吉安，一道叫"土鸡两吃"的菜很有味道。一只五六斤的老母鸡对半劈开。半只用香菇、笋干炖汤，做出的鸡汤纯白微黄、清新鲜美。半只做成三杯鸡。一口咸咸的三杯鸡鸡肉落肚后，再用一口鸡汤去油、解腻，滋味实在让人难忘。

台湾三杯鸡

　　20世纪七八十年代，中国台湾也开始流行起三杯鸡来。虽然台湾菜主要源自闽菜，但也会吸纳浙赣粤等地的特色菜，三杯鸡就是其中的范例。台湾的三杯鸡，学福建人炒薄壳（海瓜子）的做法——加了九层塔，所以鸡肉有特殊的香味。九层塔可去腥，所以米酒不用放了。台湾人嗜甜，把一杯酒换成一杯糖，做成的就是标准的台式三杯鸡。我尝试过，确实很香，但油糖交加，感觉吃一口就会胖三斤。

港式"两杯鸡"

　　很多港式茶餐厅里的三杯鸡倒是不错，著名的港菜厨师杜尚诙曾经接受过我的采访。他的"三杯鸡"很有意思：将一杯猪油换成一杯胡麻油（也可以用色拉油和芝麻油以1∶1的比例调制）；一整杯酱油太咸了，减少到半杯；将一整杯米酒或者糖改成半杯绍兴黄酒。最后加一点儿九层塔，就能炖制。

　　我问："这样一杯加两个半杯，不是应该改名叫'两杯鸡'了？"杜大厨笑笑说："没错。"他亲手做的鸡肉让我试吃，果然清淡但风味不减，是很适合夏令时光佐粥的良品。

　　其实三杯鸡做法并不复杂，只要足够有耐心，自己在家，弄个砂锅炖，也能有很好的滋味。

　　美中不足的是，新鲜九层塔不易得。这东西喜热怕冷，并不适应我所在的城市——杭州的天气。我也曾尝试在自家小园里栽种，但它们始终长得不够苗壮。

大盘鸡的气魄

有时候，一份鸡肉也能代表一地的民风与人情。如果要用一种食物概括新疆的特点，那么非大盘鸡莫属。

新疆大盘鸡特色鲜明

"大"形容地域宽广；各种食材汇聚到一"盘"指和谐共存；作为唯一的主角的"鸡"，则很好地反映了大西北人偏好肉食的舌尖上的喜好。事实上，大盘鸡也确实当得起新疆美食的"扛把子"。鸡肉爽滑麻辣，土豆软糯甜润，配菜颜色丰富，再来一挂筋道的拌面，我们对新疆所有的向往就跃然于盘中。

大盘鸡的做法很简单：鸡块加调料下油锅煸炒，放进土豆、青椒，加水炖，最后收汁。类似东北的炖菜、山东的合菜。

新疆本地的大盘鸡与外地大盘鸡有一个巨大的差别。

像腰带一样宽的扯面，常常被外地的大盘鸡制作者直接泡在大盘鸡的汤汁里，作为大盘鸡的一部分售卖。

但在新疆，店家会按每桌就餐的人数送上一碗碗爽滑筋道的拌面。新疆人把这种面称为"拉条子"。最正宗的拉条子，必须用北疆尤其是昌吉州种植的冬小麦做原料。面粉中含量极高的蛋白质，让面条有弹性、富有嚼劲，所以新疆大盘鸡配的面，我觉得口感是最好的。

大家舀起大盘鸡的肉、土豆和浓郁的汤汁，拌面条吃。鸡肉、土豆、面再搭上生蒜瓣，热气腾腾，肉香四溢。

一般来说，大盘鸡加面是不要钱的。所以从本质上来说，它的定位并不是一顿饭里的一道肉菜。一份大盘鸡，本身已经构成了一顿饭，还不是单人份的。

一份正宗的新疆大盘鸡，意味着一整只散养沙湾三黄鸡，一斤左右的博尔通古土豆块，足以让整只鸡入味的安集海辣皮子以及葱段、青椒、各种香辛料，还有不限量添加的拉条子。这些东西，三五个人都够吃了。再加上它融合了北方地区的诸多饮食传统，使它在新疆人的心目中确实算得了上得厅堂、下得江湖的大菜。七八十元，哪怕上百元一份，在本地人眼里都不算贵。

白切鸡，白斩鸡，白宰鸡，糟鸡

最后来说一道常见的广式菜肴——白切鸡。

以浸煮为主要烹饪工艺的白切鸡历史悠久，它可能是先秦时期就发明的菜式。清代，袁枚把"白片鸡"（即白切鸡）列为所有鸡类菜肴之首，他说："肥鸡白片，自是太羹、玄酒之味。尤宜于下乡村、入旅店烹饪不及之时，最为省便。煮时水不可多。"这大概是白切鸡有史以来第一次由文人进行细致的描绘。

到了近代，白切鸡进一步在全国各地传播、演化，并随着工艺的提升、调料的进一步丰富，形成了诸多的派系。以沈宏非为代表的美食家们，都认为白切鸡是一种"草根"美食。但事实上，白切鸡虽发端于"草根"，却受到大部分人的喜爱。

江浙白斩鸡

在吴语①里，"切"像"吃"，所以江浙等地区，白切鸡三字，很容易被误读为"白吃鸡"，听之不雅。

很多江浙馆子的菜谱上，"白煮鸡"都以"上海白斩鸡"为名。"斩"是吴语里的常用词。"斩踵头（斩冲头）""鲫鱼包斩肉"，还有股市术语"斩仓"，都在此列。冠以上海，除了因为上海的地域影响力大外，更重要的原因是上海老字号"小绍兴"对其做出了重要的改良。其实今天在吴语区的苏锡常、杭嘉湖一带，白斩鸡的口味都十分相似。

---

①吴语：汉语方言之一，主要通行于江苏南部、浙江大部分地区、安徽南部等地区。

据说民国时期，上海警察眼红"小绍兴"生意兴隆，经常上门白吃白喝。老板就把白煮鸡放到冰凉的井水里浸泡，希望警察们吃了拉肚子。没想到这么一加工，鸡肉味道更好。

其实沪式白斩鸡的制作所费不多，用葱节、姜片、白水煮了就行，不如广式白切鸡那么讲究。但由小绍兴发明的用凉水浸泡，无疑是烹饪技术的巨大飞跃——用凉水浸泡后，鸡皮收缩，变得十分弹牙，鸡肉也能长时间保持鲜嫩。

江浙糟鸡

江浙地区的糟鸡，其实也算是白斩鸡的一种。只是多了一步加入香糟的工序。

糟就是酿造黄酒后剩下的泥状物，有酒香味，也能醉人。上海厨师在其中加入海盐、冰糖、辣椒、桂皮、八角、香叶等材料，称这种混合物为香糟。其他地区也有相似的香糟。用料不同，决定了糟鸡口味的差异。有人喜欢咸的，有人喜欢香的，有人喜欢辣的。厨师们做成各种口味，供大家各取所需。总的来说，苏锡口味偏甜，杭绍口味偏咸，而沪上厨师则以包容的态度，让两派味道都展现在自己的馆子里。

传统的糟鸡很讲究，先将泥状的糟和糟烧酒等放入缸中，铺上干净纱布，再将煮好的鸡切块，用盐等调料擦抹后放在纱布上，按照一层糟一层鸡的方式放置，最后盖上纱布，压紧。这样放上两三天后，酒糟的味道慢慢渗入到鸡肉中，糟鸡就做好了。

在快节奏的当下，大部分人嫌这种做法麻烦。超市里售卖做好的糟卤。大家将其买回后，不用加工，直接将鸡块放入其中，也能将鸡块做得酒香扑鼻、八九不离十。但对于讲究的人来说，这样做终归差些意思。

福建白切鸡

福建的白切鸡叫法并不统一，也有称"切"的，也有称"斩"的，大概是出现时间比较晚，所以在命名上两边都靠。

虽然出现时间晚，但滋味却不差。福建比较有名的白切鸡由龙岩市长汀县出产。当地是客家人聚居区，甚至被誉为"客家首府"，所以这里制作的白切鸡，带着浓郁的客家菜风情。

其做法比江浙白斩鸡的做法复杂多了。将阉割过的小公鸡制净、用盐腌，再蒸，不能煮。客家人认为水煮会使其味道散逸。最后自然晾凉，拿葱姜汁淋浇后切件上桌。

虽然这种白切鸡没有江浙的白切鸡用凉水浸激后的弹爽，但蒸的鸡肉富于嚼劲，葱、姜的味道恰到好处，不喧宾夺主，也让鸡肉更有滋味。

这种白切鸡不用搭配蘸料，直接吃就很美味，尤其是翅尖和鸡爪，是下酒的好料。正如客家人所说："一对鸡爪喝一壶。"

福建红糟鸡

和江浙人一样，福建人也有用酒糟加工白切鸡的传统。江浙酿造的是黄酒，副产品是糟卤。福建酿的是青红酒。这是一种以红曲米酿造的米酒，带有天然的红色素。它的糟，就被称为红糟。

将红糟加入鸡块中，除了能给鸡块增加酒香之外，还兼有上色的作用。如果说江浙糟鸡可以比作风度翩翩、气质内敛的江南士子，那么红糟鸡，就是一身红装、气度飒爽的八闽儿郎。

广式白切鸡

广式白切鸡，在全国白切鸡的谱系里属于做工复杂且讲究的类型。原本做白切鸡只需要清爽、简单的烹饪，但广式白切鸡的烹饪方法无比考究。

白卤水是必要的，这是用鸡骨、猪脊骨、干砂姜、甘草、桂皮等材料煲制而成的老汤。汤的用料是每家鸡铺的不传之秘。煮的时候要用大火。提着鸡在锅中"七上八下"，防止爆皮。水沸时关火，放入鸡闷着，浸闷几十分钟，到卤水自然冷却的时候，鸡肉也熟了。

捞出来，铺上香菜，抹上麻油，既增香，也能防止浸入鸡肉的卤水流出来而使肉质变柴。也有店铺参考江浙的做法，用凉水来激。成品的味道是不错，但已经不是传统的广式白切鸡做法了。

如果火候控制得好，这样做出来的白切鸡肉质极嫩。鸡骨周围的肉略微呈桃色，骨髓还是带着血色的。鸡皮因浸制而变得软糯适口，皮下脂肪因为自然冷却而微微凝结。祖籍潮州的蔡澜大师当然深谙"老广"此道，他认为，白切鸡绝对不能全熟。全熟的肉就像是烂布，完全吃不出鸡的香味。懂得吃鸡的人，最享受那层皮。鸡皮不肥不好吃，皮和肉之间要有一层胶。这种状态是最上乘的。吃鸡的皮，吸鸡骨中的髓，大乐也。

广式白切鸡的蘸料也极为讲究。正宗"老广"不爱单用酱油，也不喜欢用豉油点蘸，认为只用酱油、豉油是不讲究的。

地道的"老广"吃法是搭配蒜蓉麻油碟。用红葱头加生抽等做成的葱油碟也不错。比较小众的有小蚬子加芥末做成的蚬芥碟，配着鸡肉吃有微微的刺激感和海鲜腥味。另外还有大排档里流行的砂姜碟。砂姜不是姜，而是一种带着奇异味道的香料，弄碎以后，和蒜蓉混合在一起，用热油炝一下，就能散发出夏夜广州街头最勾人魂魄的味道。

海南鸡饭和东南亚版白切鸡

和广东一水之隔的海南，也有吃白切鸡的传统，而且做法大同小异。比较特殊的是海南人喜欢在蘸碟里加青柠汁——充满了东南亚的热带风情。现在旅游景点流行的"海南鸡饭"其实并不是海南人的发明，而是新加坡、马来西亚等"下南洋"的华侨们，思念家乡滋味，使用广式白切鸡的白卤水，加入香茅、斑斓叶（香露兜叶）等具有南洋风情的香料做出来的东南亚版白切鸡，再搭配米饭食用的套餐。

东南亚版白切鸡的独特之处是蘸料。被誉为"灵魂三酱"的黑豉油、辣椒酱和姜蒜蓉必不可少。有椰糖成分的黑豉油，质地浓稠，入口带甜。辣椒酱由辣椒碎、蒜蓉、白醋、糖和鱼露等调制而成，又酸又甜又辣。这三种材料一起，把普通的鸡肉变成了"星马鸡"（即有新加坡和马来西亚风味的鸡）。

此外，华侨们一般生活很节俭。他们觉得煮鸡的卤水倒掉可惜，但在东南亚炎热的天气里卤水放着又容易坏，将其拿来煮米饭刚刚合适。煮好的米饭被鸡油包裹着，粒粒光亮，吃进嘴里香喷喷。即使没有菜，食客也能轻轻松松地吃掉两碗米饭。

川渝白切鸡

白煮、切块、蘸汁的鸡肉，在四川盆地的叫法有很多，成都有"棒棒鸡"，重庆有"口水鸡"，但流传最广的还是"白宰鸡""白砍鸡"。

四川人郭沫若先生这样描述白砍鸡：少年时代在故乡四川吃的白砍鸡，白生生的肉块，红殷殷的油辣子海椒，现在想来还口水长流……

其实川式白砍鸡的做法和其他地区的做法大同小异，大体就是将鸡肉煮熟、切块，搭配藤椒油、红辣子、白芝麻之类的调料。

但四川人把加调料的做法细分成"淋味汁""拌味汁""蘸味汁"。"淋味汁"适用于酒店，当着客人的面把红色的调味料淋在鸡肉上，充满仪式感，好看；"拌味汁"多见于做外卖的熟食摊，现卖现拌，适于揽客；"蘸味汁"则是让食客在味碟里蘸食，有点儿像广式和沪式的吃法，适用的场合比较多。

不管是做白切鸡、白斩鸡还是做白宰鸡，鸡本身的质量当然最重要，但也未必如很多人所以为的——他们觉得只能用散养鸡才够格。

白切鸡之美在其嫩。散养鸡一旦长到可以食用的大小，肉质未免就变得粗硬，用来煲汤不错，白切就逊色了。最好是生长速度快、肉质细腻的鸡，著名的如清远鸡、文昌鸡、龙岗鸡、萧山鸡等，都是此类。

美国某家餐馆标榜自家的鸡肉来自放养的农场，但中国"老饕们"一口咬下，就发现它与好吃的中国鸡相去何啻万里。

鸭子不是配角

　　德国学者比德曼在《世界文化象征辞典》中谈到鸭子时说，鸭子不如鹅。而袁枚在《随园食单·羽族单》里说："鸡功（功）最巨，诸菜赖之。……故令领羽族之首，而以他禽附之。"显然，鸭子就在依附鸡的"他禽"之列。

　　按理说，我们和欧洲人在口味上应该有不同的嗜好，一方弃之如敝屣，另一方视之为珍宝的情形并不少见。同时被这两种饮食文化不待见，难道确实是因为鸭子的味道太差？

　　其实，未必是鸭子本身的问题，而是禽类食材中其他竞争者实力太强。欧洲人追求实在的口感，所以肉质厚实、口感绵密的鹅占尽了先机。我们追求滋味，所以筋络、骨骼多，更经得起烹饪，烹饪过程中风味物质慢慢渗出的鸡就成了首选。在中国，光是白煮、切块的鸡，各地就有白切鸡、白斩鸡、白砍鸡、白宰鸡等不下十种叫法。而一碗鸡汤的作用，更是超越了食物的本身，是中国人眼中有病治病、无病强身的良药。

　　相比之下，在口感和滋味上都不突出的鸭子，似乎只能做配角。但换个角度理解，鸭肉在家禽食材中有着比较均衡的脂肪、蛋白质和筋络比例，这让它尤宜烧烤。美拉德反应能带来焦脆的外皮、暖暖的颜色和油润的口感。相比之下，不易入味的烤鹅和脂肪不足的烤鸡，都在烤鸭面前甘拜下风。鸭子并不是配角。

烤鸭

中国人吃"烤鸭"的历史，可以追溯到史前。

从某种角度上来说，中餐是火的艺术。而烧烤，以空气作为传递热量的介质，则是最原始的烹调方法。它比以石板或金属板作为介质的烙、以油作为介质的煎炸、以水作为介质的氽煮和以蒸汽作为介质的蒸，都古老得多。

虽然当时食用的鸭可能是野鸭，皮下脂肪可能不够多，口感不如家鸭好，但不管怎么样，"烤鸭"已经上了餐桌，根植于中国人的生活。

公元6世纪北魏贾思勰所著《齐民要术》，可能是最早记载烤制家鸭的文献。烤鸭的做法被称为"腩炙法"，做法是"肥鸭，净治洗，去骨、作臠。酒五合，鱼酱汁五合，姜、葱、橘皮半合，豉汁五合，合和，渍一炊久，便中炙。子鹅作亦然"。

简单翻译：做烤鸭要选取肥鸭，洗净，切成块，用酒等调料调味，然后再烤。

真讲究。

无独有偶，同时期南朝人虞悰写的《食珍录》里，也出现了"炙鸭"的字样。这种"炙鸭"很可能是整只烧烤的鸭子，已经初具现代烤鸭的雏形。

到了经济高度发达的两宋，烤鸭的格调进一步提升。《东京梦华录》和《梦粱录》，记载了开封和杭州的饭馆里出售的类似烤鸭的食物。制作它们使用的极有可能是封闭的焖烤炉——显然，这已经是今天焖炉烤鸭的模样了。

封闭的烤炉，能保持更恒定的温度，让烤鸭表面上色更均匀、肉质更疏松；烧烤的烟火在炉体里反复流动，让鸭子多了烟熏的香味；长时间的焖制，更能让鸭肉汁水丰富，油润不柴。

到了明朝初期，经济发达的江南地区的烤鸭技术已经相当成熟。朱元璋定都南京，当地不少民间传说都点出了这位平民皇帝与南京烤鸭之间千丝万

缕的联系。

　　传说未必能当真，但不论阶层高低，人人喜爱烤鸭的风尚却被真实地记载在后辈文人的各种笔记中。

　　永乐年间，朱棣迁都北京后，北京街头也挂起了"金陵片皮鸭"的招牌。传说是皇帝亲自把烤鸭高手们"拐"到北京的。这恐怕有点儿牵强。皇帝日理万机，哪有时间去管小老百姓的烤鸭生意？但政治中心的北移，让饮食风尚也随之迁徙，却是可以看到历史沿革的痕迹的。

烤鸭和烧鸭美食地图

　　流传了千年的烤鸭和烧鸭，究竟在哪些地方留下了足迹，并绵延至今？

| 开封烤鸭 |

　　开封的汴京烤鸭也许是现存的历史最长的烤鸭，它还原了《东京梦华录》里的做法，也更多地保存了古法焖炉鸭的特色。

　　汴京烤鸭一般采用枣木烤。枣木不同于梨木、苹果木等果木，它木质密度大，富含油脂。用枣木烤制的过程中会有浓烟和枣木香出现。用焖炉烤的过程，其实也是烟熏的过程。成品的鸭皮呈枣红色，没有挂炉烤的零星炭屑，而且皮肉不脱离，一口咬下去，能吃到皮下啫喱状的脂肪。对于不怕油的人来说，这种焖炉烤鸭，比挂炉烤鸭有滋味得多。

　　检验焖炉鸭成败的标准之一是鸭脯肉质地的松紧。好的焖炉鸭水分消耗少，有外烤内蒸的效果，所以鸭肉疏松，有肉松般的口感。特别是厚实的鸭脯肉，要像刚出炉的馒头一样暄腾，才算成功。

| 北京烤鸭 |

虽然北京烤鸭师从南京烤鸭，但不得不说，数百年的时间让北京烤鸭发生了巨大的变化。

首先是做法，南京烤鸭以焖炉烤鸭为特色，但北京烤鸭却发展出了以全聚德为代表的挂炉烤鸭。这里所说的挂炉，是指没有炉门的烤炉。鸭子用长长的挑杆挂着送进炉内，随时可以翻转、查看，保证受热均匀。

此外，挂炉烤鸭用的是明火，燃料是没有太多烟的果木，火力强烈，所以出的油多，鸭皮焦脆。还有人嫌挂炉烤鸭烤出的油不够多，发明了不用炉子的叉烧烤鸭。虽然鸭油烤出的确实多了，但鸭肉却变得老、柴，落了下乘。

北京烤鸭独到的吃法是将带皮鸭肉搭配面酱、大葱丝、水萝卜丝、黄瓜丝等材料，卷入荷叶饼中。这种吃法源自对京城饮食影响较大的鲁菜——大

葱、面酱、面饼都是山东常见的搭配食物。另一方面，这些配料又是为焦脆的挂炉鸭量身定制的。大葱和黄瓜等蔬菜平衡了油腻感，面酱提供了甜鲜味，用面饼卷又让烤鸭的吃法充满仪式感，并且面饼提供了可以充饥的淀粉。

近几年，京城比较火的烤鸭是大董家的，其影响力可能超过很多家老字号。事实上，大董烤鸭确实在吃法上有很多创新之处，比如以白糖蘸鸭皮、以蒜泥蘸鸭肉、以汉堡坯夹烤鸭片，但大董烤鸭本身也是典型的京式挂炉鸭，并没有在技术上有太多的突破。

| 诸城烤鸭 |

以前，包括鸭子、调料、面饼在内的北京烤鸭的大部分原料，都来自山东。鲁菜师傅当然不会放任本地的好食材都被运去京城。比如著名的密州鸭，就留在了当地，成为山东烤鸭的原料担当。

密州是潍坊诸城市的旧名，这座城市是"宰相刘罗锅"——刘墉的故乡。以前，这里除了出产文人之外，还出产厨师。有人说，诸城在鲁菜胶东菜系里的地位，就好比粤菜里的顺德，其重要性可见一斑。

密州烤鸭的风味与北京挂炉鸭并没有多大区别。最大的特色在于鲁菜大厨们能以鸭子制作"全鸭宴"——厚实的鸭脯肉用来干煸，鸭血凝固后切片炒韭菜，鸭舌与山菌同烩，鸭肠爆炒，鸭油蒸鳜鱼，鸭汤熘海参……琳琅满目，不一而足。

| 庐州烤鸭 |

为了展现烤鸭的"古意",各地都喜欢用地名旧称作为烤鸭的前缀。北京街头的烤鸭店有不少冠以"北平烤鸭"名号的。诸城的烤鸭自称"密州烤鸭",南京的烤鸭自称"金陵片皮鸭"。当然,也包括合肥的"庐州烤鸭"。

作为现在的安徽省的省会,合肥与南京有着千丝万缕的联系,烤鸭就是其中之一。和南京烤鸭一样,庐州烤鸭的传说,也常常指向安徽人朱元璋。

但与名声在外的北京烤鸭、南京烤鸭不同,庐州烤鸭走的是更亲民的路线。在合肥生活的人,很少有不去老字号庐州烤鸭店吃鸭的。有意思的是,有些店里最大的特色可能并不是烤鸭本身,而是用烤鸭的副产品——鸭油做的鸭油汤包和鸭油烧饼。

所谓鸭油汤包,是用烤鸭油代替肉皮冻做馅做成的小笼包。鸭油烧饼则是以鸭油起酥做的千层烧饼。鸭油烧饼包含烤鸭的馥郁香味,比牛油起酥的可颂和猪油起酥的老婆饼好吃得多。

| 蓼江烤鸭 |

湖南郴州和广东韶关相连,从地理上来说,郴州已经属于珠三角地区了。

郴州下辖的蓼江镇,在当地有着"小南京"的别称。由蓼江、耒水、湘江构成的复杂水网,让这里成为重要的水运枢纽。这里与南京有着共同的模样,而这里的特产——烤鸭,也与南京烤鸭有着极大的相似性。

蓼江烤鸭的做法、吃法大抵与南京烤鸭无异。唯一需要特别讲究的是当地人吃烤鸭要搭配一种白露酒。这种味道微甜的米酒,有解腻之功。在吃没有大葱、荷叶饼的南派烤鸭时,白露酒也许是最好的佐餐品。

| 宜良烤鸭 |

昆明街头的烤鸭招牌有两种——"宜良烤鸭"和"滇宜牌烧鸭"，它们本质上其实是同一种东西。

民间传说，云南的烤鸭最早是由朱元璋麾下的将军傅友德的家厨在昆明下辖的宜良县创制的。

说是烤鸭，但宜良烤鸭的制作方式更接近广东烧鸭——用一个月大的嫩鸭，明火烤，切块吃。

因为昆明海拔 2000 多米，属于高原地区，所以相比平原地区，这里制作烤鸭需要更长的时间。宜良烤鸭的肉质也有着与其他地区迥异的酥化口感。好的宜良烤鸭不用切，只需提着鸭腿一抖，肉与骨自然分开。其滋味也从这个细节中可见一斑。

电影《天下无贼》的结尾——刘若英一个人边吃烤鸭边落泪是这部电影最经典的镜头。

中国饮食保留着合餐的传统，讲究吃个热闹。一个人闷头吃火锅、烤鸭之类的东西，是很寂寞的事。

所以，不管是登堂入室的北派烤鸭，还是相忘于江湖的南派烤鸭，最好的吃法当然是三五好友推杯换盏、大呼小叫，把一桌鸭脖、鸭脯、鸭胗、鸭舌、鸭爪、鸭翅、鸭腿啃个干净才好。

| 广式烧鸭 |

虽然也用烤的方式，但烧鸭之所以被叫作烧鸭，而不叫烤鸭，是因为它从食材到吃法都与北京烤鸭、南京烤鸭不同。

其他地区的烤鸭要用肥美的填鸭，而广式烧鸭用的是一个月左右的白毛鸭。这其实是烤乳猪的套路，追求鸭肉的细嫩。

烤制木料也有讲究，广式烧鸭用的既非火势凶猛的苹果木，也非火势较缓和的枣木，而是就地取材的荔枝木、松枝木。半烤半熏，得到复合的香味。

料汁是广式烧鸭的灵魂。把玫瑰露、黄酒、五香粉、蜂蜜、白醋、肉骨高汤等配成的料汁灌入鸭的肚子里，用针线小心缝合，达到一种外烤内煮、滋味到肉的效果。广东人常常觉得"北京烤鸭凉了后有鸭骚味，但广式烧鸭凉了之后依然好吃"，原因就在于料汁已经使鸭肉入味。

从定位上来说，北京烤鸭常常被视作高级宴会的大菜，而广式烧鸭则是充满小吃风情的大排档饮食。几块烧鸭铺在饭上，淋一勺料汁，就是一碗顶饱的烧鸭饭；如果用鸭架熬汤，放一撮米粉，再配上两块鸭肉，那就是"制霸"夜宵摊的烧鸭粉了。

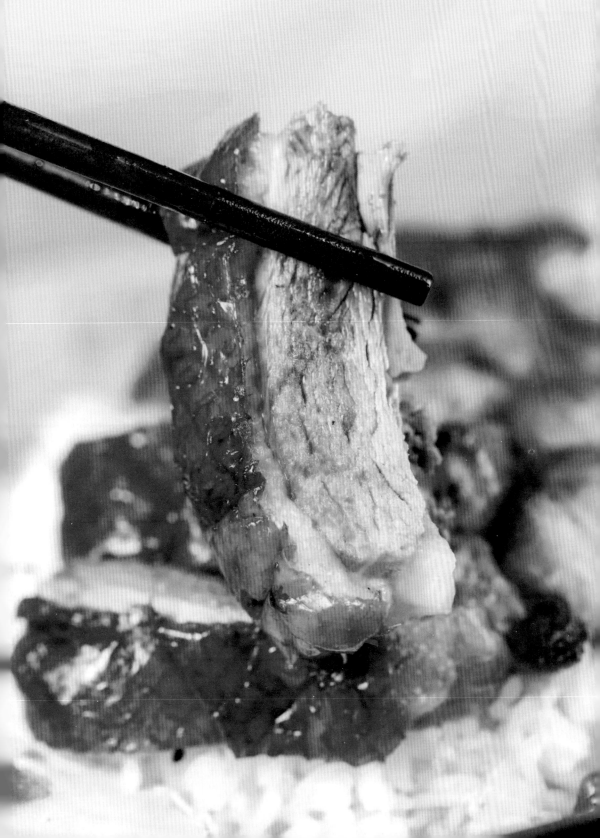

| 四川甜皮鸭 |

四川甜皮鸭不能算是烤鸭，但胜似烤鸭。

这种先卤后淋油的鸭子，确实有着与烤鸭无限近似的口感，是中国烤鸭的另一种诠释。

甜皮鸭的做法其实和普通卤鸭没多大区别。冰糖炒成糖色，加香料煮成卤汁来卤鸭子。卤透之后的鸭子其实已经很好吃了，外皮软糯、鸭肉适口，但重视调味的四川人嫌其味道不够，再把卤鸭控干水分，用滚油反复淋灼，直到皮酥且颜色棕红为止。最后一步是制作甜皮鸭的关键：趁鸭皮表面的温度高的时候，刷上饴糖。这让鸭皮颜色更红，质地更酥脆，即便冷却之后，也不会回软。香甜的口味，与大董烤鸭出品的烤鸭皮蘸白糖的味道不谋而合。

四川人认为甜皮鸭只能靠油淋，不能整只下锅炸。其实为的是以较低温度烹制，只求鸭皮的酥脆，而不影响鸭肉的多汁。它的烹饪思路和中原的烤鸭极其接近，只是四川盆地的民众用了其他的处理方式。这是中华饮食一体多面的又一典型例子。

盐水鸭里的乡愁

烤固然是比较适合鸭肉的做法，如果想品尝鸭肉原本的风味，是否可以做成类似白斩鸡式的菜肴呢？这种菜肴自然是有的，盐水鸭可算一种。令人惊喜的是，这道菜竟也出自南京。不过细细想来，在这片热衷鸭肉的土地上，人们尝试不同风味的鸭肉倒也在情理之中。

盐水鸭的做法，大体没什么值得深究的地方，但我对南京盐水鸭却有别样的感情。

余光中的“乡愁”

多年前，我在浙江大学听过余光中先生的讲座。先生很擅长举例子。他说到了苏轼的《惠崇〈春江晚景〉》里的句子“竹外桃花三两枝，春江水暖鸭先知”，说到了安徒生的《丑小鸭》，还说到了苏慧伦的歌《鸭子》。

我记得余先生举这些例子，是为了说诗词文学的“意象”，但不明白为什么偏偏喜欢和鸭子“叫劲”。后来，我看到余先生的生平“1928 年出生于江苏南京”，才恍然大悟——哦，原来他出生在传说中“没有一只鸭子能活着走出”的地方。

几年后，在一个文化交流论坛上，我终于有机会面对面采访余光中。先生话不多，但很幽默：“我的演讲就像是女人的超短裙，以短取胜。”座中无不会心一笑。我壮着胆子问：“您觉得故乡南京的盐水鸭里包含着乡愁吗？”

也许是习惯了诗的典雅的意象，猛然听到盐水鸭这样充满烟火气息的词儿，余先生露出了意外的表情，随即大笑：“南京不仅是我出生和读书的地方，也是我和妻子第一次相遇的地方，是我‘生命的起点’与‘一切回忆的源头’，盐水鸭、烤鸭、鸭血粉丝、干丝、卤干，都是我的回忆、我的乡愁。”

南京桂花鸭

在南京，盐水鸭有个很诗意的别称——桂花鸭。得名的理由是每年桂花飘香的季节制作出来的盐水鸭特别香。我觉得这就有点儿"玄学"了。大概是因为盐水鸭为凉菜，煮熟凉透才能吃。天气太热鸭子就出不了耐嚼的口感，大冬天吃凉菜人们又觉得缺了逸致，所以每年秋季，才是适合吃盐水鸭的季节。吃盐水鸭的逸致很像余光中谈散文时说到的不温不火、不骄不躁的气韵，更像是南京这座城市内敛的性格——身为六朝古都，却在江浙沪城市圈中躲在了光芒万丈的上海甚至苏锡常的背后。

但好的盐水鸭嚼到好处，确实能尝出桂花的香味，清淡中不失馥郁。南京的很多高档餐馆把盐水鸭斩件后都喜欢撒上干桂花，说是为了增色提味，但我却觉得，这纯属多此一举。桂花香味浓烈，盖过了鸭肉天然的香味，加上它就失了品尝中"找寻"的乐趣。

盐水鸭制作方法并不复杂，唯求"功夫"二字。最传统的做法是"炒盐腌，清卤复"。先"炒得干"，用炒干的盐等材料腌，让肉质薄且收得紧。卤制要"卤得足"，用不到一百度的热汤卤熟，让鸭肉水分足，保持鸭肉的多汁性。梁实秋说"食之有嫩香口感"。"嫩"和"香"，两个字概括了盐水鸭的特点。

煮鸭子的汤必须是添加了各种香料的老汤。浸润了这种老汤的盐水鸭，才是正宗的南京味道。据说很多南京的鸭铺，都有存了数十年的老汤，甚至有父传子、子传孙的。这也是在外地我们很少能尝到好吃的盐水鸭的原因。一定要说南京以外哪里的盐水鸭好，那我想，只有台北。

台北盐水鸭

有一年，我在台北，在所住的酒店楼下卤菜铺买过半只盐水鸭。当初真的是一时冲动，想吃的鹅肉卖光了，才买的鸭肉，但是回家打开外卖盒的瞬间就被台北盐水鸭的纯肉香气迷住了——实在太香了！台湾人吃盐水鸭还要配嫩姜丝，可能是因为他们觉得鸭肉属凉性食物，所以要用姜丝驱寒。两者混吃，口感脆韧交加，很是奇妙。

老板告诉我，卤菜铺是父亲传给他的，祖上就在南京做这个生意。后来，祖上携家带口跑到台湾，甚至来不及带那锅老汤，匆忙间用一件新衣服往老汤里一浸，来台湾后再加水把衣服里的鸭汤煮出来。"到今天，用的还是那锅汤。"

这故事听得我眼泪差点儿流下来。不知道余光中是否来这家店尝过这家乡的味道。

后来，我又在某个文化论坛上见过余光中一次，当时他带着夫人范我存。《乡愁》里那位船票那头的"新娘"，长得清秀，能看出是个美人。夫妇俩结婚六十多年了，满脸写着恩爱。余光中说，在他的南京老家，院子里有棵枫树，树干上刻有三个英文字母：YLM。Y 是余，L 是 love，M 是咪咪。连起来是"余光中爱咪咪"。"咪咪"是范我存的乳名。年轻相恋时，余光中用一柄小刀在树上刻下"YLM"，以铭爱心。

　　相濡以沫多年后，还能记起年轻时温暖的美好。完美的人生，莫过于此。我想余夫人也一定记得他们夫妇二人远赴台湾之前，在南京街头一起吃过的那一口盐水鸭吧。

鹅油的美味
值得一试

虽然不像鸡肉和鸭肉那样频繁现身餐桌，但自从有了"癞蛤蟆想吃天鹅肉"的谚语，鹅在人们心中就有了"曲项向天歌"的傲娇——天鹅也叫"鹅"嘛！

鹅的曲颈姿态与它精致的不容动摇的生活习惯，总带着点儿小布尔乔亚式的浪漫。

在绝大多数情况下，鹅喜欢吃青草，并且居住环境内要有可以饮用、游弋和洗澡的开阔水面。鹅不适合像鸡一样集中饲养。鹅的价格也就相对更高。

去电商平台搜索"鹅"，首页推送必定有一个品类：潮汕卤鹅。潮汕是全中国最会做鹅的地区之一，这个观点想必没有人会反驳。

鹅，是潮汕人心中的"白月光"。潮汕人信奉鹅"浑身都是宝"，对鹅每个部位的研究都达到极致。

我在潮汕有位朋友李春淮，他以前是汕头三联书店的当家人。与春淮老师相处如沐春风，有种"万般皆随意，百福自然来"的惬意。这种感觉就像他做的菜一样——亲切，恬淡，不刻意。

近年来我数度往来潮汕，名家手艺尝了不少，但印象最深刻的，还是春淮老师的家宴菜。老师自有一方天地，他称之为"持恒书屋"。朋友们在书屋里品茶论道，每每聊得高兴，老师就亲自下厨做一桌好菜招待朋友。

除了研究与推广潮汕文化之外，春淮老师最爱的，莫过于复刻已经失传或者制作烦琐、鲜有人做的美酒佳肴。他亲自研发的红葱鹅油，就是其中的一件。

"春淮手作"的红葱鹅油，红葱酥脆喷香，鹅油洁白柔滑。我一眼看去就知道鹅油是用上品材料熬制而成的。

吃过潮汕卤鹅的人都曾受教：卤鹅吃到最后，如不用鹅油卤汁拌碗白米饭"唏哩呼噜"一口气吃下，那简直就像吃重庆火锅不涮毛肚，吃北京烤鸭不蘸面酱，吃广式煲仔饭不淋那一勺酱油！不是不可以，只是不过瘾！

美味的鹅油

鹅油是动物油中的"黄金油"，其胆固醇含量、饱和脂肪酸含量都大大低于很多动物的脂肪。

但把鹅的脂肪单独收集起来制成红葱鹅油，是个成本高、费工时的事儿。

首先就是鹅油的取制。为了避免腥膻味过大，只能取鹅腹部最清爽的油脂。这部分油脂的量不大。李老师每做一批红葱鹅油，都要收集近 200 只鹅的腹部的脂肪。

再者，红葱的处理较难。春淮老师选用的红葱产自福建。福建红葱香气浓郁，但个头很小，这就给加工增添了不少难度——要保持葱的汁水和口感，只能手工挑拣、清洗和去皮。三个工人忙活一天，最后留下的不过十之一二。这十之一二，也是红葱香气最充足的部分。

所有准备工作完成，葱油的熬制由春淮老师亲自着手。

将红葱里的水分全部熬出直到红葱的色泽呈金黄色，将红葱捞起后完全沥干。红葱不能丢弃，要留用。鹅油香气充足，而毫无焦苦，是红葱鹅油最完美的状态。春淮知道怎样才能让鹅油与红葱彼此不辜负。

成品的红葱鹅油，以葱和鹅油分别独立盛装的形式保存。这样盛装的好处是可以非常方便地取用鹅油或红葱烹饪。

最美不过鹅油菜

鹅油有极好的起酥效果，制作成的面点堪称一流。《红楼梦》中的"松瓤鹅油卷"就是鹅油面点的经典美味。用鹅油做的菜也是美味异常。

| 鹅油葱花饼 |

这是最方便制作的家常版鹅油面点。开水和面，稍微醒发后擀薄刷上红葱鹅油，然后撒小葱末，卷起来，压成圆饼，上锅烙。鹅油已经浸润红葱的辛香，与细嫩的青葱相得益彰。舌尖可以品出面饼的油香。这样一份"鹅油葱花饼"如此美味，以至于我认为它就是葱花饼届的"天花板"。

高端点心手作家还可以试试鹅油干菜肉馅饼、鹅油香葱面包、鹅油榴梿酥，用鹅油代替黄油或猪油，会有意想不到的效果。

| 小炒鹅油羊肚菌 |

素菜中至鲜的妙物——菌菇，就是要搭配荤油才能充分激发出鲜美味。春天正是羊肚菌上市的季节。新鲜羊肚菌像一把黑黢黢的小伞，其貌不扬，但香气桀骜不驯。

鹅油被称为动物油中的"黄金油"。把羊肚菌对半切开，用四五勺红葱鹅油热锅，放入羊肚菌快速翻炒，起锅前再加一小把嫩嫩的小油菜。小油菜的清爽、鹅油的香、羊肚菌的鲜，三样妙物在一处，演奏出嘴里的交响曲。

| 红葱鹅油煲仔饭 |

朝九晚五的打工人平时最快手的晚餐是啥？当然是用电饭锅焖一锅饭呀！

做一锅成功的煲仔饭，拢共只有四步：淘米、加水、加料（胡萝卜块、香菇块、肥牛片、香肠块等，加一勺生抽、一勺鹅油、半勺红葱，拌好，放入锅内）、按煮饭键。等 40 分钟后就能吃上焦、脆、油、香的鹅油煲仔饭了。

如果愿意用砂锅焖当然更好了！米饭煮好，打开锅盖的一瞬间，贴着边淋一小勺鹅油进去，鹅油遇到高温"嗞啦啦"地激起浓香，稍做搅拌令每一粒米都披上油光光的外衣！

其实更建议饭里除了鹅油、红葱和生抽，其他啥料都别加。因为什么都抢不过鹅油的风头。鹅油和红葱那霸道的香气，与饭香丝丝融合，开锅的一刹那随着蒸汽奔腾而上。不吃上三碗，难免有些对不起为此献身的大鹅。

| 红葱鹅油拌一切 |

拌面条，拌馄饨，拌青菜，拌米饭……其实拿鹅油拌一切最早是客家人喜爱的做法，也是福建、广东的很多人离开家乡后日思夜想的滋味。

红葱鹅油拌其他食材要拌得好吃，秘诀只有一个：热。面条也好，米饭也好，要在够热的时候浇上鹅油，迅速拌开。其他材料诸如生抽、糖、辣子等等，根据自己的口味添加即可。对了，几乎所有口味清淡的叶菜都可以用鹅油拌。

一个台湾朋友告诉我，鹅油拌青菜就是她小时候的记忆。她现在在北京工作，家里常备着红葱鹅油。一勺鹅油的香气飘散，她就仿佛回到了温暖湿润的南方。

| 牛油果鹅油拌饭 |

牛油果是个单独吃味道奇怪，但只要搭配得当就瞬间美味 up（可译为"到极致"）的食材。盛一碗热腾腾的米饭，切半个牛油果在米饭中捣碎，淋上一小勺鹅油，加一点点海盐拌均匀。

牛油果本身柔滑有余而香气不足，用一点儿咸味使牛油果和鹅油的味道融合。即使是再普通不过的米粒，加入上面的材料后也有了如丝般柔滑的口感。牛油果和鹅油包裹着米饭，融化在口中。那一丝丝油润，也渗进了心田。

"鼻腻鹅脂"本是《红楼梦》对姣好女子的形容，从中也可以看出鹅油的美好。它温柔润泽，能与多种食材搭配。润滑的鹅油触碰到炙热的舌尖，然后充盈整个胸腔，钻进心底。

新鲜之味

XINXIAN ZHIWEI

○ 餐桌无一鱼，人间滋味少一半

○ 螺肉是饮食江湖中的世外高人

餐桌无一鱼，人间滋味少一半

蔡澜主持的 TVB（无线电视）节目"蔡澜叹名菜"，有一期讲宁波菜很有意思。蔡先生邀来宁波后裔倪匡做客，大谈宁波菜里的各种美味，还列出了 23 道滋味最佳者，包括雪菜烧黄鱼、小芋芳煨鸡、蛎黄豆腐羹、猪油汤圆、干煎带鱼之类。但列完这份菜单后，倪匡却加了一句"若无海中自然生长的黄鱼，不必考虑"。

非自然生长的不取？倪老板这要求也太高了，当今自然生长的大黄鱼的市价不菲。但大黄鱼用雪菜"吊"出来的那点鲜味儿，倒真是所有宁波人心里挥之不去的乡愁。

大汤黄鱼的美味

在甬菜里，雪菜烧黄鱼被称为"大汤黄鱼"，我怀疑这个"大"字，应该与淮扬菜里的大煮干丝的"大"是一个意思——水多汤宽、味浓料鲜。但大汤黄鱼的做法却没有大煮干丝那么复杂。上好的大黄鱼开膛破肚、处理干净，在爆香姜片的油锅里先煎后煮，最后放入切成小粒的雪菜，大火滚出白汤就能上桌。讲究的，还要加一些笋片、蘑菇，当然也非必要，增色而已。

就是这样简简单单、原汁原味的一碗鱼汤，却被宁波人奉为甬菜之魁首、海鲜之至尊。没尝过的人是绝对无法想象的。

在宁波，腌雪菜被称为咸齑菜，特指用新鲜雪里蕻腌制成的、带着浅绿色和鹅黄色的腌菜，叫"咸齑菜"而不叫腌菜为的是与那种腌制的深褐色的、因为二次发酵而变得干松的"倒笃菜"区别开来。宁波话里有"咸齑炒炒，冷饭咬咬""黄齑白饭"等俗语，大多是形容虽然过得清苦却能吃得有滋有味的生活态度。在盛产文人的浙东，这种饮食情趣有广泛生长的土壤。

最有意思的是，宁波人喜欢吃咸齑的口味，后来被宁波商帮带到了大上海。宁波人即便有钱了，也会用昂贵的海鲜来搭配便宜的咸齑。今天上海滩上那些由宁波人开设的饭店，比如汉通海鲜大酒店、丰收日、甬江状元楼，无不善治此味。比如汉通，有一道咸齑虾球：取大只的青虾仁用咸齑末来炒，多加胡椒，稍微加一点儿白糖，用小半勺鸡汤勾出鲜味。成菜与同样"一青二白"的小葱拌豆腐相比，要妙到天上去。

而大黄鱼，则是宁波人眼里最上得了台面的海鲜。二十年前，大黄鱼还不是多么精贵的物事。在宁波的海滨渔村小住，大清早能听到"昂昂"的大黄鱼叫声。普通人家家里弄个大汤黄鱼改善伙食，也非难事。而今天，自然生长的大黄鱼的售价以数千人民币一斤计算。两三年前我到访过甬台地区某

个小村，村主任家的渔船出海，一网捕到几百斤大黄鱼，基本上等于中了张彩票。村主任连工作都不要了，卖掉这网大黄鱼，提前退休安享晚年。

大黄鱼呈瓣状的肉质、爽滑多汁的口感、香韧细腻的嚼劲，和小黄鱼完全是两码事。搭配的咸齑的味道，其中暗藏的，是浓浓的乡愁以及小时候味蕾熟悉的现在却再也回不来的记忆。如已故宁波学者洪丕谟在一篇文章里所述："让我胃口大开的是大汤黄鱼。把黄鱼汤舀进小碗，喝了一碗又添一碗，添了一碗再舀一碗，这样舀了又添，添了舀，实在是滋味鲜美。真奇怪平时不大的胃口到了此时此刻，怎会一下子吞山吃海起来？"

大汤黄鱼除了配饭，做成汤面也绝对是一绝。含碱的小宽面用清水焯熟即捞起，直接放在鱼汤里，配上一胖白花花的鱼和碧绿的小葱，就是一顿完美的早餐。在上海，但凡有"雪菜黄鱼面"出售的面馆，比如鸿瑞兴、永兴面馆，都是甬人开的小吃店。可惜近年来大黄鱼越来越少，以此煮面，倒显得暴殄天物了，只能以小黄鱼替之。聊胜于无吧。

黄鱼头也是好东西，可做醒酒汤。吃剩的黄鱼头几个，泼镇江醋半斤，大煮，起锅前加一把香菜、一勺香油、一把白胡椒粉，还得再加几勺醋。趁热喝过两三巡后，加米线、海蛎子、鸡蛋和蘸过地瓜粉的肉片回锅复煮沸，可以再吃一轮，唯有如此，才不辜负黄鱼头的滋味。上海人形容蠢人为"黄鱼脑子"，有人说是因为黄鱼脑小，可我觉得，这说法倒是更可以描述吃过黄鱼头之后醺醺然的状态。

意餐里有一道名菜银鳕鱼配盐渍橄榄。我觉得它的构思与大汤黄鱼有点儿相似，可以匹敌。只是鳕鱼拥有大黄鱼的质地，却少了点儿大黄鱼的鲜美；相比咸齑，腌橄榄的味道也过重了，喧宾夺主，有失体面。总的说来，究竟差了一筹。

长鱼是淮扬的灵魂

除却大黄鱼，在江南的菜系中，软兜长鱼同样写下了浓墨重彩的一笔。

长鱼是什么？黄鳝呗！

软兜是什么意思？"软"指的是口感、质地，"兜"指的是形状、颜色。这么一说，这道菜的大体情形，大家应该能自行脑补了吧。

其实在我家乡杭嘉湖一带，有道菜叫"烂糊鳝丝"，滋味和软兜长鱼也差不多，不过既"烂"又"糊"，卖相上打了折扣不说，口感也落了下乘。

第一次吃到正宗的软兜长鱼，是在江苏淮安。当地老字号玉壶春酒楼，据说已经开了五六十年。不过看门面一点儿都不老，也没什么"字号"。至今还记得，门前"玉壶春"三个字，明显是找"土了吧唧"的路边灯箱设计

店做的，黄底红字。这使得玉壶春不像流芳多年的老字号，倒像农家乐。

不过菜上来，惊艳之笔就出现了。软兜长鱼色香味俱佳，一大盆，每一条鳝片都有成年人食指长短粗细。用竹筷一夹，鳝片两头就会很柔软地靠在一起，形似小孩子的红肚兜，把油汪汪、香喷喷的芡汁全部兜住。趁热入口，葱香、蒜香、鳝鱼香、胡椒香接踵而来，只一个过瘾罢了。不看到实物，你绝对想不到可以把鳝鱼"软兜"成这样。

酒到酣时，老板兼大厨边擦手边来桌前问："口味如何？"回应自然是一片叫好。在座主宾还为老板腾出座位，听这个酒糟鼻、秃顶的老男人说他们家玉壶春的故事。

老板姓周，祖上五辈都是灶头君子。追溯上去，老一辈是山东人，开着有名的山东馆子。直隶的贝勒爷们都来他们家的饭馆"饕餮"一顿。

后来爷爷辈来到淮安，自然是因为战乱、饥荒之类的原因。结果把山东馆子的套路，带到淮扬菜馆里，没几年，老老爷子就成了远近闻名的大厨。

有趣的是，老板的父亲却对烹饪没有一点儿兴趣，反倒喜欢账房、算盘之类的生计。爷俩一合计，自己开了家淮扬菜馆子，就是今天的玉壶春。一时间，老老爷子后厨掌勺、老爷子店前掌柜，开得好不热闹。

再后来，经历了一番时代的波折。好在手艺没断，老板原原本本地把前辈那一手学了过来。现在的玉壶春，是允许个体户经商之后又新开的。

我一直觉得，关于吃的故事，最迷人的就应该是背后的人的故事。当天和周老板胡侃，听他对淮扬菜的解读，是我最难忘的。他说："大家说淮扬菜，就是扬州狮子头、扬州炒饭。其实淮扬淮扬，扬州最多就占一半。淮安现在城市建设是没落了，不过好吃这一头，倒不比扬州差。跟扬州人喜欢吃甜吃淡的不一样，淮安人不少和咱们家一样，是山东移民，到咱们这来吃东西，就图一口香。"

说到高兴了，身上还带着点儿山东大汉脾气的周老板，又亲自下厨，为

我们烹了一道白煨脐门——其实，这道菜的食材，和软兜长鱼是一母所生。软兜取鳝鱼背肉，急火快炒，取其嫩，而白煨脐门取的则是鳝鱼腹肉，鸡汤细火慢焖，取其醇。临出锅时，再入大量虾子、蒜瓣、白胡椒，有奇香。

那一锅汤，刚好用来醒酒，被我们喝得底朝天。门口的小黄猫闻到香味苦守了半天，看我们一点儿都没留给它的意思，才悻悻离去。

据说，周老板一共会用黄鳝做一百零九道菜——号称"长鱼宴"。当然，我是没有口福品尝了。

很多年后，我在上海新天地一家海派餐馆，也吃到过这道软兜长鱼的改良版——用黑胡椒代替白胡椒，用白兰地代替黄酒，用黄油代替猪油，倒也别有风味，其嫩如斯。可惜试了很久，终究"兜"不起芡汁来，心里多少有点儿的失落。

一样的食材，做出不一样的滋味。我想，这大概就是淮扬菜的动人之处。很多菜谱里说淮扬菜讲究刀工和时令，其实放眼中国菜，谁家又不讲究刀工、时令呢？语言学家许嘉璐是淮安人，他对家乡菜的评价"粗菜细做，于普通食材中见精妙手艺"，应该更为准确吧。

鱼皮做出的美味

鱼肉固然新鲜。和猪油渣之于猪油相类，鱼皮也是难得的好物。

许多北方人不懂吃鱼皮，总觉得这是鱼身上最无用的地方。鱼肉可以吃，鱼肝可以制药，甚至鱼骨都能磨成粉做饲料，似乎鱼皮是冗余的，只配沤肥。

青岛人做红烧鲅鱼，一般要把鱼皮剥掉，如果是剁馅做饺子，许多人要把靠近皮的红肉都去掉。"鱼皮腥，不能吃"，许多人这么说。

鱼皮干

岭南人最擅长吃鱼皮，也懂得处理鱼皮之道。很早以前，他们就把"干制生香"的理念，应用于制作蚝、蛏子、鱼鳔等海错。鱼皮当然也不能例外。

制作鱼皮干的材料一般是鳐鱼的皮，因其质地肥厚且相对廉价。鲟鱼、鳇鱼、大黄鱼的皮也可以，但价值不菲，滋味也不见得好很多。当然"土豪"就随意了。

我曾经在广东饶平红山码头鱼市见过鱼贩剥鱼皮，过程很讲究——不开膛，直接在腹部轻轻划一个小口子，嵌入拇指，整个皮层便与鱼肉脱离。鱼贩说，不把腹部全划开是为了增加鱼皮的弹性，让口感更好。如果力道合适，鱼皮整张不破，才能卖得高价。这需要多年的练习。

新鲜的鱼皮要用烈日曝晒，晒到硬挺，用手指弹之有"铿铿"的金属声才好。这种鱼皮既能长久保存，其鲜味物质又能在保存的过程中慢慢熟成、释放。吃的时候，用水泡发，鱼腥味大部分会褪去，留下柔韧弹牙的口感。

鱼皮按照部位，一般可以分为白皮、青皮和鱼唇三种。白皮是腹部皮，因颜色白而得名。这种鱼皮质地较薄，容易入味，最适宜煸炒。广州酒家的

葱香鱼皮是用葱白、八角、大蒜炝锅后，将切成菱形片儿的白皮爆炒，最后再加生抽、鲍汁调味制成。这道菜镬气逼人，味道锐利无比，适合下酒。

青皮是脊背皮，颜色青黑。这种皮比较厚，口感弹牙，适合凉拌。广州西关陈添记铺子里的当家小吃凉拌鱼皮，正是用切成小宽条的青皮，加花生、芝麻、香菜、蒜末、香醋等做的。蔡澜对这东西赞不绝口。这位生长在粤菜系统中的美食家，是真的懂行。

鱼唇则是头部和嘴边的肥厚的鱼皮。擅长做大菜的福建人比广东人更喜欢料理它。在福州老字号聚春园里，鱼唇除了凉拌之外，最常见的做法就是加入佛跳墙里。久炖之下，鱼唇变得软糯无比，佛跳墙里浓到可以挂住碗壁的汤汁，正是它的杰作。

淡水鱼皮菜

其实，除了肥厚的海鱼皮之外，淡水鱼皮也有做得精彩的。广州白天鹅酒店的炸黄门鳝鱼皮就是典型。它用的是白鳝鱼皮，炸的火候控制得恰到好处。成品酥脆无比。还可以点鳝鱼汤，将炸鳝鱼皮微微沾上汤汁，回软后口感微妙。这是一种文字无法直叙之美。

我还在厦门吃过黑鱼皮煲鳝段。黑鱼皮很薄，本来没什么存在感，但瓦煲之中火候到时胶质大量渗出，包裹着软糯的鳝鱼肉，实在是温柔缠绵的妙品。

顺德的煎酿鲮鱼也许是用淡水鱼皮制作的登峰造极的菜品。一整条鲮鱼剥皮取肉，皮不能破。鱼肉去骨后加陈皮、荸荠和香菇剁成细蓉，再酿回鱼皮中，宛然全鱼。这条"鱼"先用油煎后用高汤煮，最后浇汁。鱼皮酥爽与浓厚兼得，而且这道菜没有鱼刺，是高级的"懒人吃的菜"。

我想，再没有一种食物能像鱼皮这样，在不同的烹饪手段下，能如此淋漓尽致地表现出脆、弹、糯种种南辕北辙的口感了。

鱼皮花生

一个多数人不知道的细节是早期的鱼皮花生里其实真的有鱼皮。这种诞生于日本的小零食，其外壳是用鱼皮胶与淀粉混合制成的。将鱼皮胶混合物裹在花生外部，油炸后形成脆壳。仔细嚼，可发现鱼皮壳兼有鱼的鲜香和淀粉油炸后的浓香。可惜现在多数厂家的鱼皮花生都徒有其名，材料中省略了鱼皮。外形相似度高，可味道终归差了点儿意思。

这就好比男女朋友周末约会，看电影、压马路、吃牛排，一路郎情妾意，相谈甚欢。但最后男生把女生送到楼下时，如果不在阴暗的角落里偷亲个小嘴，这场约会总是不完整的。

知堂老人说，喝不求解渴的酒，吃不求饱的点心，都是生活之需。既不能填饱肚子，也没有霸道滋味的鱼皮，扮演的正是这个似有若无的角色。

螃蟹是自然
的恩賜

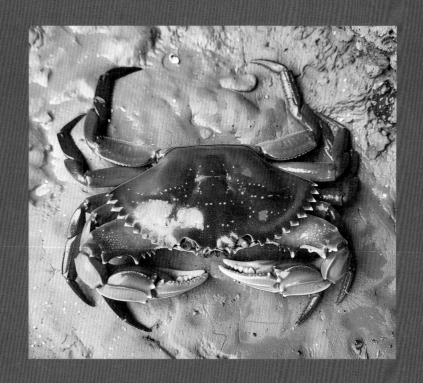

　　鲁迅先生说，第一个吃螃蟹的人是很令人佩服的。不是勇士，谁敢去吃它呢？

　　有些螃蟹生活在水陆交错的地域，其生活领域与灵长类动物高度重合。杂食或肉食的食性，让它们体内累积了丰富的蛋白质和脂肪。节肢动物的蛋白结构简单，而且即便生吃也容易被消化系统分解、吸收。个体较小，无毒，自卫能力弱，相较于大型哺乳动物、爬行类和鱼类来说，也容易捕获得多。所以，在蛮荒时代，智人已经是螃蟹的天敌。其他生物无从下嘴的坚壳，智人却可以轻易用石块、火这类工具搞定。

从这个角度理解，螃蟹是地球对人类的馈赠，是适宜送上餐桌后要认真对待的食物。全世界的人都爱吃蟹，几乎没有例外。

墨西哥湾沿岸的人用芥末酱淋石蟹钳，做出来的蟹甜嫩可口。东南亚的泰国、马来西亚、新加坡等地的人用辣椒、咖喱烹制青蟹或旭蟹，做出来的蟹滋味丰厚。南北半球高纬度地区的北欧、阿拉斯加地区和智利、澳大利亚、新西兰等地的人喜欢就地取材，做冰镇帝王蟹腿，做出来的成品充满嚼劲。加拿大西部、美国西部的人吃珍宝蟹，这种蟹水煮后膏肥脂满。西欧地区的人吃的面包蟹，蟹如其名，有像面包一样厚实的蟹肉，咬起来过瘾。日本松叶蟹其实就是雪蟹的一种，通常一半做刺身一半煮日式高汤，极其鲜美……

当然，吃蟹这种事，在美食大国中国是不会落下的。在全球已知的螃蟹品种里，中国出产的占到近五分之一。而且，聪明的中国人，在烹饪螃蟹方面，搞出了丰富、多元的技法。

食蟹古国

青州之蟹胥

撇开良渚文化遗址、崧泽文化遗址等遗址中发现的螃蟹壳不论，中国较早对于吃蟹的文字记载，来自《周礼》。描述周天子饮食的篇目中有"青州之蟹胥"。

青州，大致是今天的山东半岛地区；胥，就是螃蟹锤碎后制成的酱。

到了《齐民要术》成书的时代，螃蟹已经有了蒸、炸、面拖、酒醉等各种烹饪形式。一种用糖腌渍保存螃蟹的方法更是被重点介绍。这种糖蟹，在后来数百年中，引领了中国人吃蟹的潮流。

　　值得一提的是，《齐民要术》的作者贾思勰也是山东人。可见在很早的时候山东半岛就已经吃蟹了。在山东，海蟹无疑是主流品种，而非淡水蟹。

　　但这种情况，在南方已经悄悄发生变化。

毕茂世之蟹

　　与贾思勰同时代的南方人刘义庆，在他的《世说新语》里，记载了晋朝名士毕茂世饮酒吃蟹的诗句："一手持蟹螯，一手持酒杯。拍浮酒池中，便足了一生。"

　　这种持螯饮酒、微醺快意的状态，很快成了当时文人名士们追求的对象。在后来的一千多年中，几乎所有的中国文人，都一致将吃螃蟹当作快意的事情。

　　值得一提的是，刘义庆是江苏人，而《世说新语》描述的也主要是东晋与南朝政治中心建康等地区发生的文人轶事。

　　这些地方正是中国淡水湖蟹的核心产区。

　　可以说，千年来文人的口味与喜好，造就了湖蟹在中国螃蟹群落中无与伦比的崇高地位。

糖蟹的演变

　　隋唐开始，北方糖蟹和糟蟹的精致料理方式开始南下，与南方的湖蟹结合，产生出新的美味。

　　宋人笔记小说里记载了隋炀帝驾幸江都，当地人向他呈送糖蟹的故事。炀帝每次食用糖蟹之前，都要让侍从把蟹壳仔细擦干净，贴上金缕龙凤花云，可见皇帝对它的喜爱。

　　据后人推测，这里的糖蟹与《齐民要术》里的糖蟹已经有显著差异。制作江都的这种糖蟹用的是新鲜、完整的活螃蟹，先让其吐净泥沙。把糖浆煮过，放凉，把活蟹放入糖浆中浸一夜。在干净的瓮中加入适量的醪糟和盐，取出糖浆里的螃蟹放入瓮中，用软泥封住瓮口。

隋炀帝吃的这种糖蟹，耗糖量很小，且因为有盐与醪糟的参与，口味也没有那么甜腻，想来应该是咸甜并重，还带着酒香。酒、姜掩盖了淡水蟹本来的腥味，突出了食物本身的清爽，很明显，这已经有现代醉蟹、姜醋汁蘸蒸蟹的风范了。

诗仙李白常光顾长安的酒肆，在那里他要吃螃蟹。他说："摇扇对酒楼，持袂把蟹螯。"

湖蟹地位变高

宋元之后，湖蟹的地位水涨船高，出现了大量咏蟹的诗词。

苏轼说："堪笑吴兴馋太守，一诗换得两尖团。"自嘲自己用诗来换螃蟹吃。

黄庭坚说："海馔糖蟹肥，江醪白蚁醇。每恨腹未厌，夸说齿生津。"吃蟹吃到怀疑人生——为啥总吃不厌？

陆游说："蟹黄旋擘馋涎堕，酒渌初倾老眼明。"吃蟹吃到老眼都明亮了。

如此种种，不胜枚举。"镶金""脂膏""嫩玉"这类形容蟹黄、蟹膏、蟹肉的语句，甚至成了宋以后文人诗词、小品里的高频词。

明末清初的李渔说蟹是他的命，每年湖蟹上市之前他就要准备好买蟹的钱，并称之为"买命钱"。而蟹的烹饪，不能煮，不能煎，不能加佐料，不能加配菜，只能蒸了自剥自吃。

在文人们的不懈炒作下，到了清代，湖蟹的价格已经突破天际。《红楼梦》里一方面不厌其烦描述公子和小姐们蒸蟹、持螯、饮酒、对诗的场景，另一方面又写了大观园里一顿湖蟹宴的花费抵得上穷人家吃穿用度一整年。

　　相比于今天湖蟹的价格，其实清中叶更加离谱。看得出曹雪芹内心的矛盾：钦羡啖蟹之风雅，又厌恶标榜湖蟹之恶习。

　　由文人自导自演培养起来的花费甚多、取材单一，吃法单一的吃蟹潮流，也总归有终结的时候。

海蟹登上主流舞台

同样在清中叶，袁枚的《随园食单》里，已经出现了盐水煮蟹、做螃蟹羹、炒蟹粉、南瓜肉拌蟹，乃至剥蟹壳加鸡蛋做成蒸蟹这些五花八门的做法。

更可贵的是，《随园食单》出现了专门谈海鲜的篇目，并且放在了前面，虽然其中没有出现海蟹，但这已经颠覆了南北朝以来中国文人对水产"一湖二河三溪四海五塘"的排序，也打破了封关禁海数百年来，中国人对大海认识的陌生感。

从此之后，中国东部海域的梭子蟹、东南海域的青蟹、西太平洋的花蟹（远海梭子蟹），走上中国饮食的主流舞台。顺带着，保留在浙南、闽东和潮汕等少数古代交通不发达地区的，诸如生腌蟹之类的饶有古意的吃法，也得以重登大雅之堂。

中国蟹走出国门

另一方面，"制霸"中国饮食谱系千年以上的湖蟹，也悄悄爬上了长江上的某艘战舰。它们躲藏在逼仄、暗无天日的船舱底部，悄悄地，没有护照地，踏上了奔赴欧洲的漫漫长路。

此后一百多年中，中国大闸蟹经历了选种、繁育的变化后，已经不复原来的面貌。但人们很惊讶地发现，湖蟹在德国突然以入侵生物的姿态泛滥成灾。

这些中国大闸蟹的远房表亲们，虽然滋味未必胜过阳澄湖的，但其无可挑剔的颜值，还是吸引了华人的青睐。

德国人原本是不喜欢吃淡水生物的，没有天敌的湖蟹大多直接拍死了做肥料，或者放进粉碎机做成鸭饲料。但在目睹了华人们的吃法之后，德国人也动起了脑筋，甚至有人抱着试试看的心态丢进烤箱焗——反正蟹壳是硬的不能吃，不用怕火力过头了烤焦。

由此可见，人类在吃蟹这件事上，总有相似的天赋。蟹肉、蟹黄、蟹膏总能给人带来不一样的愉悦。

螃蟹美食地图

来看看面对各式各样的螃蟹时，中国各地人都是怎样料理的。

| 盘锦蟹饭同炊 |

因为缺少文献记录，今天已经没人能说清盘锦的河蟹起源于何时了。这种与江南大闸蟹同根同种的螃蟹，植根于黑土地的历史，也许最早能追溯到东北农业大开发时期。

盘锦毗邻渤海，辽河经由这片地区流入大海。这里与长三角地区有着相当类似的适应洄游生物生长的环境。

也许，盘锦的第一只湖蟹是以入侵物种的身份进入的，但当地人却给予它足够的宽容，甚至还在水田里有意识地养殖。到了 20 世纪 60 年代，盘锦人以"棒打獐子瓢舀鱼，螃蟹爬到饭锅里"来形容盘锦的富足——东北其他地区的民谣则是"棒打狍子瓢舀鱼，野鸡飞到饭锅里"。

和南方大闸蟹一样，盘锦河蟹最好的吃法也是清蒸、水煮。北方人不擅烹饪水产，唯有盘锦河蟹，清蒸后蘸姜醋汁，可得美味。南方人来盘锦，当地人以这种吃法待客，足以让对方恍若归家。

盘锦当地常常蟹饭同锅而烹，下屉煮饭，上屉蒸蟹，到蟹飘香的时候，饭也熟了。与蟹共生的米，当地人称蟹田米，他们认为用这种米做的饭有蟹味。其实它的香气滋味，应该来自同锅的螃蟹。

| 天津紫蟹火锅 |

紫蟹其实是大闸蟹的一个亚种，大者如银圆，小者如铜钱。按照以大为美的南方湖蟹的审美标准，这种迷你型选手其实是上不到台面的。

但北方原本乏蟹，特别是冬令时节，在紫蟹蟹黄最丰厚的时候，其蟹黄透过薄薄的蟹盖，呈现出一层紫色。其风味和意境都卓尔不群，自然被人奉为上品。人们不惜大费周章，破冰掏捕。

上档次的天津馆子里，冬季都会售卖"七星紫蟹"，其实就是下垫鸡蛋羹的紫蟹。虽然蛋羹会起到一定的保温作用，蒸紫蟹时渗出的汁水也会让蛋羹变得更鲜甜，但总的来说，这并不算是创新或独特的做法。

更讲究一点儿的，会把紫蟹剁成小块，蒸熟后淋上酸甜鲜美的芡汁。这是天津冬令最上得台面的好菜——酸沙紫蟹。

但要论最过瘾的吃法，莫过于普通津沽人家都会做的紫蟹涮什锦火锅。天津人将什锦火锅称作"锅子"。锅子是清汤底的，其中可以放豆腐、白菜、海参、鲍鱼，丰俭由人，每家每户都有不同的选料。但被誉为天津"冬令四珍"的东西——紫蟹、韭黄等是不能少的。

紫蟹整个丢到锅里去煮，蟹身小、易入味，只要几分钟就熟了。汤汁渗入蟹肉，肉软嫩无比。吃完蟹后还能喝汤，紫蟹什锦锅的汤有奇妙的鲜甜味，不输广式打边炉的汤。

| 莱州葱油大蟹 |

莱州人把梭子蟹称为"大蟹"，但凡去过当地"饕餮"的人，都会觉得这个"大"字名不虚传。较大的昼夜温差，黄河入海带来的大量营养物质，以及渤海湾天然冷水渔场的环境，都为梭子蟹生长带来极其优越的条件。

在莱州的海鲜市场里，大的梭子蟹重达一斤半。这是连云港的黄海梭子蟹、舟山的东海梭子蟹都无法望其项背的斤两。

面对梭子蟹，胶东大厨也展现出了粗犷豪放的烹饪手艺。用葱油淋，是最对得起莱州大蟹的做法。不用切，不用拆，整只大蟹蒸熟。再另起一口锅，把油熬到冒烟。最后拆开蟹盖，铺上葱、姜，趁热淋上热油。

充满了鲁菜风味的葱油大蟹上桌了。这就是对秋天最好的奖赏。

| 成都香辣蟹 |

香辣蟹并非四川独有，湖南、江西、贵州都有此物出没，而且越来越有席卷餐饮江湖的气势。在口味清淡的东南沿海地区的人看来，用香辣菜的做法处理滋味轻灵、鲜美的蟹是暴殄天物。但从食物发展的宏大历史观来看，被大众广泛接受的口味，或许才代表了口味发展的趋势。

而众多的香辣蟹做法中，又以川菜的做法最为考究。

川式香辣蟹的选材不拘一格，但有一点，以蟹肉厚实者为妙。普通湖蟹个头小，蟹肉单薄，用香辣调料炒，往往是调料充分渗入肉中，已尝不出蟹味，且吃不过瘾。

最好是个头硕大的面包蟹，用热油炸到断生后捞起斩件，再下辣椒粉、辣椒片和蒜蓉炒，最后撒一把芹菜碎。这样的香辣蟹油香四溢，镬气逼人，再来一瓶冰啤酒，就是川中夏夜最好的美味。

| 黄山醉蟹 |

　　江浙地区素有秋风起做醉蟹的传统。扬州的中庄醉蟹以微甜取胜。上海的醉蟹加了酱油，咸鲜滋味浓郁。苏州会拿六月黄螃蟹做醉蟹，这大概是江浙地区每年可以吃到的最早的醉蟹。苏式醉蟹很多是鲜醉，即做即吃。蟹肉的蛋白质还未凝固，和醉虾一样呈半透明的胶状，味道绵长。杭州醉蟹酒香突出，而且当地人会加入干桂花让蟹肉带着桂花香。蟹肉和桂花是季节限定下最好的组合。

　　但大多数江浙人不知道的是，江浙醉湖蟹的风尚也许来自古徽州。

　　明清时代交通不便，但徽州人仍不断涌入江浙地区经商、读书、做官。为了保证从家乡带来的食物途中不变质，徽州人想出了各种各样的防腐手段。江浙出现的臭鳜鱼、毛豆腐，包括醉蟹，可能都来自那个时期。

徽州清澈的水，养肥了小毛蟹。将小毛蟹洗刷干净，用白酒、姜、蒜、盐腌了，再密封好，可以保存两个月以上不变质。开封后蟹钳充盈了酒香，是很好的佐酒吃食。

醉蟹传到江浙后，当地人嫌白酒味道太重，改用更温和的黄酒，并按照本地口味加入了糖、陈皮和花椒，让醉蟹的滋味更加丰富。久而久之，酒的防腐的作用被无视了。加入黄酒，或许只是为了获得浓郁的酒香以及还原唐宋时生腌洗手蟹的风雅情致。

| 苏州六月黄炒年糕 |

六月黄其实就是没长大的大闸蟹。

本来要八九月捕捞的蟹，早在六七月还没长成时就售卖，看起来浪费，但其实有人计算，假使一亩塘中只能养出一千只正常的大闸蟹，若能提早规划，养殖部分"六月黄"，就可放下两千只蟹苗。此时蟹体幼小，消耗的营养等也不多，这么多螃蟹苗完全可以和谐共处、正常生长。等到了夏天长成六月黄，捞起一部分卖出，剩下的就可获得更多空间生长直到成年。

虽然没有大闸蟹那种紧实的蟹膏，但六月黄体内充裕的蟹黄，已经初露"制霸"江湖的气概。最适宜湖蟹生长的江浙地区，更是为六月黄的生长提供了良好的温床。

而苏州，作为大闸蟹的故乡——阳澄湖的所在地，自然也是六月黄最重要的产区。

在苏州人眼里，六月黄并不像大闸蟹那样需要认真对待。不是清蒸、水煮这些保持螃蟹原汁原味的做法，对不起大闸蟹昂贵的价格。而六月黄的意义却在于可以提前两三个月满足口腹之欲，以及将一些舍不得对大闸蟹下手的烹饪手法，应用于它。

这些做法，包括但不限于用麻辣料炒、炸后放椒盐、酱爆、面拖炸。但最具苏州本地特色的菜，还是六月黄炒年糕。

苏州的糕团是江南糕点的代表，而苏州年糕更是以软糯中不失爽口感而闻名。将苏州年糕与斩块的六月黄同炒，下葱白、姜片、生抽、白糖。年糕焦香，六月黄鲜肥。

后来，不少饭馆学习六月黄炒年糕的组合，囿于六月黄的季节限制，改用四季皆可得的梭子蟹。传得多了，几乎家家会做，却忘记了这道菜原本的模样。

| 杭州蟹酿橙 |

蟹酿橙其实并不是杭州菜。

三十多年前，它还是一道只存在于一本古籍里的传说菜。这本古籍，就是记录南宋城市风物的《武林旧事》。

而杭州，作为南宋的都城，当仁不让成为让蟹酿橙"复活"的城市。但到今天，在杭州能做出比较正宗的古法蟹酿橙的饭店也是不多的。

这种用湖蟹的蟹黄、蟹膏、蟹肉，与橙肉、橙汁一起炒，最后再填回橙子里蒸的菜，酸甜俱备。

行家说，蟹酿橙的味道有四层：

第一口吃掉橙内浓稠鲜香的蟹肉，酸甜中带着咸鲜，这是第一层味道；

拿起橙子盖，将橙盖上的果肉挤出汁滴到橙子内的食物上，你会发现橙子内部的食物味道开始逐渐变清雅，这是第二层味道；

吃完后不要急着喝汤，用手揉捏蒸软的盛蟹肉的橙子壳，剩余果肉会部分脱离，果汁则将从果肉中进入汤中，果汁混合橙子壳内饱含蟹肉香味的汤汁，一口喝掉会催生第三层味道；

最后放下橙子，反复摩擦双手，会闻到指尖全是橙子的香味，这是第四层"闻香"。

| 福州蝤蛑酥、八宝鲟饭 |

有人用山海盛宴来形容福州菜——陆上和海中的食材，在这里有着激情的碰撞。

这话用在螃蟹上，尤其准确，也许福州是唯一能把淡水蟹和海蟹都做成本地特色食物的城市。

蟛蜞（也叫螃蜞）是一种生活在闽江冲击平原的小型的淡水蟹，或许与天津紫蟹是近亲。福州有人用盐和虾油生腌蟛蜞吃，黑色的蟹膏极鲜，但最普及的，还是蟛蜞酥和蟛蜞酱。

做蟛蜞酥其实不难。蟛蜞剁碎，用白酒腌后，再和福州特产的红糟一起入油锅炒到香脆，最后加酱油、糖、五香粉拌匀就是蟛蜞酥。

　　这是福州人餐桌上必不可少的小菜，佐粥尤其好。其爽脆咸鲜的口感，与白粥的绵稠相得益彰，它比腐乳、酱菜好得多。

　　而做蟛蜞酱则不用炒，直接把腌好的蟛蜞和红糟拌在一起，磨成酱就行。这是福州菜最重要的调味料之一，不管用来炒菜还是用来作蘸料，都有不输于酱油的重要价值。

　　如果说蟛蜞酥和蟛蜞酱是福州人把小型的淡水蟹做出了花样。那么八宝鲟饭，就是福州人料理海蟹的至味。

　　鲟是福州人对青蟹的俗称。这种壳坚肉厚的大家伙，在东南沿海很多地方都有踪迹，尤以浙江台州三门、温州洞头和福建福州连江等地的为佳。但多数青蟹都被拿来清蒸，作为酒宴中的上品大菜。

　　福州人在青蟹上的想象力突破天际，甚至有人拿青蟹与桂圆一起煲汤，作为老弱妇儿的补品。民间俗语说："红鲟桂圆汤，营养胜人参。"这句话

显示了当地人对青蟹的喜爱。

但福州人对青蟹最成功的演绎还是八宝鲟饭。

虽然与八宝饭仅一字之差，但八宝鲟饭的口味却与八宝饭完全不同。做法并不复杂，只是费时间，要用猪肚、鸭肉、火腿、虾米、花生、鸭肫、香菇、冬笋等荤素食材，与糯米一起蒸。再覆切块的青蟹于饭上，继续蒸透。最后浇上薄芡、明油。蟹壳红亮，八宝饭颜色丰富、滋味多层，青蟹的鲜汁融入饭里，色香味俱全。只这一道大菜，就几乎构成了从前福州人逢年过节的所有幸福之所在。

| 潮汕地区生腌蟹 |

如果说江浙的醉蟹，是复原唐宋风情的高仿古董，那么潮汕的生腌蟹，就是真正的中国饮食活化石。

东南沿海的很多地区都保留了生吃梭子蟹的传统。比如宁波的呛蟹、温

州的江蟹生都有些古意，但最精工细作的，还是潮汕的生腌蟹。因为很多人吃了一次还想再吃，所以它有"毒药"之名。

潮汕的生腌蟹，除了加入其他地区也会用的白酒、酱油、姜片之外，还加入了蒜头、辣椒、香油、糖、陈皮和芫荽。

潮汕人爱吃白糜（白粥），佐粥小菜被称为"杂咸"，而包括血蚶、虾蛄、梭子蟹、牡蛎、薄壳在内的各种生腌海鲜，是杂咸中颇上档次的品类。

生腌的口感奇妙。半凝固状态的蛋白质吸入嘴后，鲜嫩软滑，自动滑入喉咙。而又咸又鲜的蟹膏刺激着味蕾，让人即刻感受到扑面而来的海风。

从此，除却巫山不是云。

| 广州清蒸黄油蟹 |

黄油蟹其实也是青蟹。

它并不是青蟹亚种，而是某些青蟹仔的变异种。只有在珠三角等极其适合青蟹生长的海域，才有较高概率出现这种青蟹界的异类。

神奇的是，这种变异蟹居然能存活下来。到了六到八月的产卵季节，它们爬上海滩，在猛烈的阳光照射下，体内的蟹膏就变成金黄色的油质，然后渗透至体内各个部分。整只蟹便充满黄色的油，蟹身呈现橙黄色，甚至在蟹壳上都会有点点"油珠"，故被称为黄油蟹。

几十年前，黄油蟹大多被人当成病蟹、杂蟹来看待，不配单独料理，还可能会被食客投诉"膏散、漏油"，只能剔出来用做炒蟹或煲粥。

但 20 世纪 90 年代后，以蔡澜为代表的香港"老饕"们开始撰文盛赞黄油蟹的美味，使其价格一再走高。美味再加上"富到流油"的好彩头，击中了港粤地区无数人心底的梦想。到今天，当年的"病蟹"，已经变成与"发菜"一样的图腾了。

黄油蟹膏肥脂满、黄肉交织，当然会给人极大的满足。其味道可参考炒蟹粉的口感，基本差不多。

| 北海白切鸡蘸沙蟹汁 |

本质上来说，北海的沙蟹汁，与福州的蟛蜞酱其实是同一种东西——腌制后的碎蟹的制品。

它们之间的区别在于，蟛蜞是淡水小蟹，而沙蟹则是海产品。

把沙蟹这种海边小蟹处理干净，放入切成颗粒的大蒜以及姜、白酒、海水，捣碎拌匀。在热带的太阳底下晒小半天，晒到出汁。这汁就是沙蟹汁了。

沙蟹汁的味道咸、腥，并带着海鲜的鲜甜。对于广西人来说，这是欲罢不能的家乡味。就好比臭豆腐之于长沙人、豆汁儿之于北京人，爱者极爱，不爱者唯恐避之而不及。

沙蟹汁适合佐粥，也能当成调料炒菜。北海的大部分餐厅，都把沙蟹汁焖豆角当成本地名菜售卖。

但对于海南人来说，最好的吃法是将它替代豉油等蘸白切鸡。顺滑的鸡肉、略带胶质的鸡皮，撞上咸腥的蟹汁，是只有在南海之滨才能品尝到的至味。

螺肉是饮食江湖中的世外高人

清明螺，赛只鹅。

每当南方人的餐桌上出现螺蛳的时候，春天就到来了。其报告时令的准确度，堪比春江水暖时的鸭子。

事实上，螺类动物确实对环境变化极其敏感。气温、土地、水质的细微变化，都会让螺的肉质、颜色发生改变。

在四季分明的中国，人们对秋去春来、花开花谢，自古就有着敏锐的感知。无论诗歌、辞章，还是绘画、书法，都会表达对自然轮回的感叹与敬意。这是中国饮食"不时不食"的深层次原因。

与春秋共生、以江湖为伴的螺，理所当然地成了中国人餐桌上最重要的食物之一。它与刀鱼、螃蟹一起，勾画了河鲜的轻灵，也与鸡鸭猪鹅一起，见证了农耕文明对田野数千年的依赖。

以前不那么受待见的螺肉

蜗牛与田螺

很多人认为，中国人是最不挑食的，我们的食谱远比西方人广。但对待蜗牛的态度，也许是个例外。

在英语里，"蜗牛"和"螺类"是一个词——snail。也许只有汉语，才从文字上把水生的螺与陆生的蜗牛分开，可能是借此表达是否可以食用的态度吧。

是的，法餐里奉为经典美食的蜗牛，在中餐里是不常见的。

仔细对比蜗牛和螺肉的口感，就会发现其中的区别。作为陆生动物，蜗牛肉质厚实，但需要以洋葱、黄油、黑胡椒和红酒焗烤，掩盖其土腥味。

螺作为水生动物肉质就比蜗牛细腻且浓郁得多，无论爆炒、清煮，还是吊出高汤搭配粉、面，都有良好的滋味。

这是属于中国人的讲究。

与水田共生的田螺，是农耕大国中最常见、最易得的螺类食材，也是饥馑年代里升斗小民重要的动物蛋白质来源。很长时期内，它出现在普通人餐桌上的频率比昂贵的肉禽蛋更多。

此"螺蛳"非彼螺蛳

通常所谓的螺蛳，严格意义上并不是螺蛳属生物，而是田螺科下的河螺属的生物。真正的螺蛳属生物，壳面有凸起、不光滑，在我国一般生活在云贵高原的一些湖泊里。

中国人食螺的传统，也许发祥于西南地区。民间将小型的田螺称为"螺蛳"，与西南地区出产的螺蛳混淆，是一个重要的证据。

两千多年前的《国语》，和一千多年前的《三国志》，记载了同一种食物"蒲蠃"。

《国语》里的描述比较简单，吴地饥荒，市无食粮，百姓迁往水边，捕捉蒲蠃为食；《三国志》则比较详细，描述了袁术带兵在江淮一带征战，让军队捕捉蒲蠃充当军粮。

虽然有人认为"蒲蠃"可能是指海生的蛏蛤或者是河蚌，但如果《三国志》对袁术割据地盘的记载无误，那么因为以江西、安徽为核心区的江淮势力，其东方还有孙氏的东吴和陶谦的徐州，所以袁术的部队可能不会取海产品为食。河蚌土腥味过重，在烹饪技术发达的今天也不是普遍的食物。

相反，江淮地区在三国时期，已经是中国重要的水稻耕作区，而在水田里大量群居的田螺，无疑是青黄不接、粮草不济时期最好的军粮。

所以，《国语》和《三国志》里的"蒲嬴"，可能是对中国人食用螺肉的较早的记载。但显然，在调味料只有盐、梅、酒等简单材料的时代，质地硬、难消化、对烹饪要求高的螺肉，更多只是充当饥馑时期的替代食物，与美味无法挂钩。

真正把螺肉推上美食谱系的，应该是一种调味料——醋。

中国人很早就学会了依靠肉酱、鱼酱的发酵，获得与果酸风味迥异的酸味食物。但肉类蛋白在分解的过程中，会产生大量的杂酸，这会使得酸味、酸度的稳定性得不到保证，也就影响了推广。所以在汉以前，汉字里对酸味酱汁的称呼极其复杂。

但在南北朝时期的《齐民要术》中，却出现了"醋"字。这种调味品酸味纯正，带有谷壳的焦香和淀粉的甜香，是螺肉的最好搭档。

至今，吃螺蘸醋、烹螺点醋，依然是相当普及的吃法和做法。

螺的文学意象

碧螺春是中国最著名的绿茶之一，本质上，它与螺肉没什么直接关系。

但因为碧螺春经过揉捻后，成品卷曲如螺，还带着深青色，因此被赋予了独特的文化地位。它甚至与龙井为代表的直条茶形成双星并立、分庭抗礼之势。

其中包含的是古代士大夫阶层的情趣和欣赏之意。螺肉滋味轻灵不张扬，适宜佐酒。文人们很快就成为其拥趸。

庾信是较早把螺写进笔下的诗人。"香螺酌美酒，枯蚌籍兰肴"，短短十个字，引领了千年的风尚。

刘禹锡游历洞庭湖，对螺念念不忘，将青山比作"白银盘里一青螺"。

曾巩游南湖，带上美姬之余，不忘带上美食。他将螺与春笋放在一块儿炒。"断瓶取酒饮如水，盘中白笋兼青螺"，清香的笋片与鲜嫩的螺肉加在一起，吃后舌鲜、口爽。

而《武林旧事》里，更是记载了清河郡王张俊为宋高宗赵构设宴，摆出"香螺炸肚""姜醋香螺"等螺肉好菜。

这说明，最晚到宋代，螺肉已经成为皇室的顶级美馔。相比汉之前充当灾民充饥的食物，其转变可谓翻天覆地。

而宋之后螺的吃法逐渐丰富起来。

元代画家倪瓒这样描述吃螺：取大个田螺敲掉壳，取其头，不要见水，用糖拌，腌上一顿饭的工夫，再洗净；或者批成薄片，用葱、胡椒、酒腌一会儿，再用清鸡原汤氽熟食用；也可用盐、酒，拌莳萝浸上三五天后，蘸清醋吃。

明代，落魄文人们对螺推崇备至。这里有两个传说。唐伯虎以螺作为谜底，与祝枝山打趣：尖顶宝塔五六层，和尚出门慢步行；一把团扇半遮面，听见人来就关门。诗句流传下来虽多有异文，但大抵如此。进士杨士云晚年弃官还乡，朝廷请他出山，他不干，还写了一幅对联："日吞夹金绞银饭，夜饮龙须虎眼汤。"夹金绞银饭就是夹杂着谷糠的糙米饭，龙须虎眼汤就是海菜煮田螺，用这两种食物，表达甘享淡薄却有滋有味的生活的人生态度。

到了清代的《调鼎集》，进一步细化了螺肉的烹制过程：将大田螺除去尖，撒上盐，炝熟后切成片，壳内汁用猪油、花椒及佐料收之。

螺美食地图

作为一种全球性生物，螺分布在七大洲，几乎人类生存痕迹所及的所有地方，都有螺的踪影，所以国外也不乏嗜螺的人。

但螺肉在全球任何地方，都没能够与中国一样，形成规模化、系统化的美食。比如欧洲峨螺，这种口味与中国花螺极其近似的种类，因为喜欢捕食牡蛎，很多时候被当作牡蛎养殖的"害虫"处理——抓起来碾碎壳之后喂鳕鱼。甚至古罗马时期还用它提取做服装的染料。只在北欧的少数国家才以之为食。原因就是螺峨个体小的时候，肉单薄，吃起来麻烦，长得大了，肉质粗老。另外欧洲人也不懂得如何烹饪。

于西方人而言，螺壳装饰的价值远远大于螺肉。

相比之下，中国人在吃螺肉方面的智慧就高明得多。小者如螺蛳，用蒜、姜、老抽来煨，滋味浓郁，一粒就能下酒；大者如响螺，切成极薄的片爆炒，清脆、细腻。

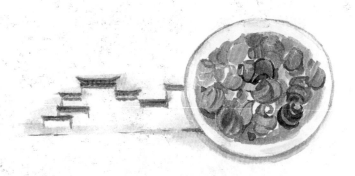

| 辽宁盐水海锥 |

在辽东半岛，锥螺又被称为"海锥锥"或"海锥"，是每年盛夏季节沿海百姓最喜欢的食物。

因为价格便宜量又足，堪比瓜子，所以北方也有的地方把海锥叫海瓜子。但其实海锥的个头，和南方福建、浙江等地沿海的海瓜子，有着天壤之别。

海锥肉质细腻，天然带着鲜甜，所以不用复杂的烹饪，用东北人处理海鲜原汁原味的方式——用盐水煮，就能获得最本真的味道。

吃法很简单，煮熟捞起沥干后，用钥匙的圆孔穿过长长的锥形螺尾，一掰，尾壳掉落，再用嘴一嘬手中的螺壳，就能把螺肉吸进嘴。

不用什么蘸料，只是淡淡的盐味和浓郁的鲜甜，就能让人恍如望见渤海宁静的海面。

| 河北海脐炖肉 |

唐山地区把扁玉螺称为海脐。

这种与鲍鱼亲缘关系很近的螺类，也有着和鲍鱼类似的肥厚肉质和浓香。搭配畜肉，让畜肉的油脂滋味与螺肉的甜香融合，是极好的处理方法。

事实上，河北风味的炖菜广泛应用海脐。

做法很简单：把海脐去壳，汆水去除黏液和沙，加葱、姜、干辣椒、白糖爆炒入味，最后放入红烧肉中一起炖。

海脐肉厚，容易煮老，但久煮之后反而会酥软适口，与猪肉一起炖，能彻底获得松软的口感。

| 山东葱爆螺片 |

山东人的餐桌上，大葱有着重要的地位。

葱烧海参、大葱炒肉、葱爆牛肉、葱烧豆腐……山东人可以用葱搭配一切。而产于胶东的红螺遇上山东内陆的大葱，做成的则是齐鲁山海之地最具代表性的风味菜之一——葱爆螺片。

其实红螺的吃法很多，北京人用它打卤、汆汤，江苏人用它水煮后蘸酱、醋、酱油，日本人还拿它做刺身，但只有山东的葱爆螺片，才能彻底激发红螺的浓香。

技艺非凡的鲁菜厨子们先把螺肉汆水，再以快刀切成很薄的片。葱油炝锅，下螺片噼噼叭叭两三下，就能起锅。

做好的葱爆红螺片将焦未焦，挂着汁水，是鲁菜最值得一试的佳肴之一。

| 江苏上汤螺蛳 |

有人说，鲁菜厨房里都是猛烈的灶火，川菜厨房里都是呛辣的油烟，淮扬菜厨房里都是氤氲的蒸汽。

上汤螺蛳，就是这种汤汤水水淮扬菜的典型例子。

与螺蛳同时烹饪的，还有当年腌的咸肉、新长的春笋、新腌的皮蛋。先将前面的说的辅料统统切丁、洗净，爆炒后大火滚出白汤。加胡椒和洗净的螺蛳，让螺肉尽情吸收鲜美的高汤，最后再加几根新出芽的菠菜，就是一份融合了春天的、恰似吴侬软语的上汤螺蛳。

吴语里的食名向来是让人感觉格外亲切的，有一种朴实的韵味。苏州人有句关于小食的俗谚"蹄髈笃笃，咸蛋剥剥，螺蛳嗍嗍"，形容市井生活的美好。特别是"嗍嗍"两字，不仅让人听到吮螺蛳的声音，还能联想到螺蛳汤汁的鲜美，颇有丰子恺民俗画的意境。

螺蛳还一度被苏州人喻为"罐头笃肉"，也是极形象。螺蛳壳好比微型

罐头瓶，里头装着一盅肉。有汤有肉，这是江南的情趣和智慧。

当然，江南佳丽地，吃螺的方式还有很多。扬州有一道家常菜叫炒春伴，主料是挑出来的螺肉，和春韭互炒，做出的也是一道春天的时令菜。碧绿的韭菜里，近乎黑色的螺肉星星点点，宛如一幅群山如黛、峰谷蜿蜒的乡村风俗画。吃这道菜像是把整个春天吃进去，吃得恢宏，吃得文雅。

| 浙江醉泥螺 |

和江苏一样，浙江各地都吃煮的螺蛳。绍兴有民谚云："啄螺蛳过酒，强盗赶来勿肯走。"说的是螺蛳肉味美，即使后面强盗赶上来，食客也舍不得逃走，大有"拼死吃河豚"的气概。

但沿海的甬台温地区，还有另一种美味——泥螺。

泥螺卖相不佳，黑黢黢、滑溜溜的，还常常带着可疑的黑色黏液，但用黄酒、糖、盐腌渍之后，清香脆嫩，丰腴可口，确实味美。

虽然不少人对生吃螺肉这种事有心理障碍，但在江浙一带沿海，几乎没有人不爱生吃泥螺的。甚至还演化出口味清淡略带甜味的"苏式"泥螺和带

点辣味的"川味"泥螺。辅料也有陈皮、蒜米、香菜、山椒等层出不穷的变化。

宁波人陈逸飞爱吃此味，据说生前还擅长亲手制作。他的秘诀是除了加上好的花雕酒之外，还要用腌雪里蕻的菜汁代替盐来腌。这样，成品的泥螺除了有水产品的浓烈之外，更多了一丝菜梗的清新。

| 安徽酱爆田螺 |

都说上海菜、宁波菜浓油赤酱，但追本溯源，浓油赤酱的源流，可能来自清代的徽商。

把酱应用于肉质肥厚的田螺，除了操作简便之外，还使螺肉能融合咸味、鲜味以及豆香，让田螺原本单调的滋味趋于复杂。

调料里，辣椒和白糖都是不能少的。前者代表了内陆地区饮食的猛烈，而后者融合了江浙沿海的温婉。集万千宠爱于一身的田螺，足可以代表安徽南北通衢、四面融合的地域特征。

其实，酱爆田螺碗底的汁水是这道美食的精华。用它浇的白米饭，味道赛仙丹。

| 江西酿田螺 |

酿是客家人喜欢的做法，辣椒、苦瓜、豆腐，万物皆可酿。只要在有客家人的省份——广东、福建等，都有酿菜的踪迹。

江西南部、广东北部客家聚居区的酿田螺是代表作之一。

酿田螺做法很考究，大田螺的尾壳用刀背砍掉，挑出田螺肉，治净，剁成糜糊之后，与猪肉末混合。猪肉要肥瘦各半，这样才够香。加入调味料搅拌起劲后，再塞回田螺壳里炒熟。

这种做法最大的好处是把本来难以入味、肉质厚的田螺，以物理形式改变质地，从而最大限度地发挥调味和烹饪的作用。

实际上，它与河北的海脐炖肉颇有异曲同工之妙。同为让螺入味，后者用火，前者用刀。

| 湖南辣炒嘚螺 |

湖南和江西西部方言里，把吮吸称为"嘚"。嘚螺，就是吸螺。

很多湖南人亲切地把炒嘚螺称为"省菜"，不知技艺高超、出品众多的湘菜厨师会不会因此伤心。但另一方面，炒嘚螺也确实是湖南地区最有群众基础的食物。

炒嘚螺用料简单，本地的青螺加一些调料就可以。先以专用的钳子剪掉青螺的尾壳，再以香辛料、油和干辣椒翻炒，再用酒酿提味。此菜充满了中国南方"草根"却又具备旺盛生命力的特质。

秘诀在于炒完后，加一点儿高汤略炖。螺肉吸饱汤汁，才容易被"嘚"出来。在火辣的汤汁伴随下，嘚螺叫人欲罢不能。对于爱吃螺肉的人来说，一盆廉价的辣炒嘚螺，比香辣小龙虾有滋有味得多。

| 福建淡糟香螺 |

袁枚在《随园食单》里，对福建的糟螺情有独钟。他说，闽中有香螺，小而鲜，糟食最佳。

用红糟来调味、烹菜，算是闽菜的一大特色。福建的红糟是酿酒的副产品。早年福建人习惯喝青红酒，那是把蒸熟的糯米和红曲放一起，加凉开水拌匀后经发酵而成的。酿酒后留下的渣便是红糟，其色鲜红，其味醇厚。

在福建民间，人们平常也常用红糟去制作糟鱼、糟肉、糟鸡、糟鸭、糟螃蟹、糟笋、糟蛋等糟制品。

而淡糟香螺，则被誉为闽菜状元佛跳墙之后，上得台面的榜眼菜。

长乐出产的香螺色黄壳薄、肉质肥嫩、味鲜质脆、色泽洁白。大厨功夫厉害，把螺肉切成大小均匀的薄片，入热水一汆，旋即捞起。这汆烫功夫的把握很重要，多一分则老，少一分则不脆，一切尽在厨师的一双手中。

再把螺片稍稍腌制，起一个炒锅，将冬笋片过油，加蒜米、姜末，再加上红糟稍微煸炒，用青红酒调和这一锅之味。用香菇和冬笋片增加口感的丰富度，最后把事先汆烫好的螺片回锅装盘。整个过程行云流水，最考校厨师的功力。

最后上桌的螺片，被红糟染成胭脂般的淡红色，酒香醉人，而搭配的西芹、黑木耳、山药，让翠绿、白玉、胭脂红这些鲜艳的色系碰撞在这一盘之中，赏心悦目。

| 台湾清拌椰子螺 |

椰子螺，顾名思义，就是大如椰子的螺。最为大众熟知的是它可以产珍珠——美乐珠。美乐珠是一种至今还无法通过人工养殖获得、存世量少、价格昂贵的珍珠，比一般的蚌珠珍贵得多。

但椰子螺真正能吃的腹足部位并不多，广东人拿来白灼或煲汤，特别是煲汤，加老鸡、火腿、猪排煲。南方人觉得此物祛湿。但在台湾湿热的夏季，很多人却喜欢清拌。所谓清拌，其实就是将汆过水的椰子螺肉切片，冰镇后加酱油、味精、白糖、蒜米调拌，再用麻油浸渍，放入香菜、瓜片、蒜米、葱白配吃。

这也许是夏日宝岛最爽脆的一味凉菜。

| 广东酒煮花螺 |

和江浙地区清明吃田螺相反，在两广一带，吃田螺却多在秋季，他们认为"秋螺天所赐，美敌紫驼峰""三月田螺满肚籽，入秋田螺最肥美"。

清末民初，广州有竹枝词写道："中秋佳节近如何？饼饵家家馈送多。拜罢嫦娥斟月下，芋头啖遍又香螺。"嗄螺、剥芋、吃月饼同为岭南地区欢庆中秋节的三项食事。

但面对花螺，广东人的态度也许是个例外。他们认为只有清明的花螺，才是最好吃的花螺。

花螺肉甜嫩弹牙、酥脆爽口，还没有大部分海鲜的海腥味，可以白灼、辣炒、酱爆。但用花雕黄酒煮制后冰镇，才是最地道的老广吃法。

煮好的花螺要继续泡在酒里吸收酒香。讲究的人还要再加入黄瓜条、芥末和冰块，让螺肉收紧，更有嚼劲。

肉食江湖

的快意

◎ 新疆
大盘鸡

◎ 四川
翘脚牛肉、香辣蟹

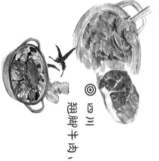

◎ 北京
烤鸭

◎ 辽宁
盐水海雉

◎ 安徽
酱爆田螺

◎ 江苏
南京盐水鸭、淮扬烧黄鱼

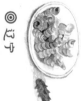

◎ 广东
潮汕生腌蟹

◎ 浙江
杭州酱酿橙

◎ 台湾
羊肉炉、台式三杯鸡

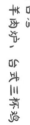